U0884459

黄河國家治理文獻集成（民國卷）第六册

《黄河國家治理文獻集成》編委會　編

總第七十册

調查河套報告書

（上册）

督辦運河工程總局
編輯處　編
王智慧　編

內蒙古出版集團
內蒙古人民出版社

圖書在版編目(CIP)數據

調查河套報告書. 上册 / 督辦運河工程總局編輯處,
王智慧編. -- 呼和浩特 : 内蒙古人民出版社, 2025. 8.
(黄河國家治理文獻集成). -- ISBN 978-7-204-18443-9

Ⅰ. TV-092

中國國家版本館CIP數據核字第2025436HM5號

調查河套報告書(上册)

督辦運河工程總局編輯處　編

編　　者	王智慧
策劃編輯	王　瑶
責任編輯	徐　飛
裝幀設計	劉那日蘇　吉　雅　安立新
責任監印	包鐵柱
出版發行	内蒙古出版集團　内蒙古人民出版社
地　　址	呼和浩特市新城區中山東路8號波士名人國際B座5層
網　　址	http://www.impph.cn
印　　刷	内蒙古愛信達教育印務有限責任公司
開　　本	880mm×1230mm　1/16
印　　張	20.25
字　　數	230千
版　　次	2025年8月第1版
印　　次	2025年8月第1次印刷
印　　數	1—1000册
書　　號	ISBN 978-7-204-18443-9
定　　價	172.00元

如出現印裝質量問題，請與我社聯繫。聯繫電話：(0471)3946120

編纂委員會

引言

千古河流成沃野，幾年沙勢自風湍。

得益于黄河冲積所帶來的疏松土質和有機物，中華先民利用石製工具開始了農業生産，并逐步發展出旱地粟作農業，『能够最大程度保障食物供給的穩定性，奠定了中華文明起源和形成的堅實基礎』[一]。而利用河水灌溉，提高區域可預測農業産量，『在産業史上起着最有决定性的作用』[二]。隨後，技術進步、經濟發展、人口增加，讓先民的文化生活大爲豐富。嚴文明先生評價道：『這是一場影響深遠的革命。』[三]在這場革命中，平衡水、沙、産、人四者之間的關係，始終是黄河治理的核心問題。四者關係一旦失衡，就容易引發諸多灾患。

歷史上，黄河下游因人口稠密、經濟發達，一直是學術界關注的重點。但自河源至今内蒙古托克托縣河口鎮的黄河上、中游區域，雖遠離王畿，人口稀疏，却也一直備受關注，人們逐步認識到黄河全流域治理是國家的重要任務。《漢書》載：『堤防之作，近起戰國，雍防百川，各以自利。』[四]没有全流域的協同治理，僅靠各地分段築堤，則黄河河患無法解决。秦建立了中國歷史上第一個中央集權大一統王朝，秦始皇東巡碣石，刻石銘記『决通川防，夷去險阻』[五]，開啓中央政府調動各要素治黄之先河，這『在中國，實質上是國家的一種職能』〔六〕。同時，國家通過對黄河的有效治理，爲沿黄流域人民群衆乃至其他地區人民群衆提供了重要的公共物品和産業支撑，成爲人民群衆眼中中央政府的功過評價指標之一。因此，治黄在增强沿黄各族群國家、政治、文化認同的基礎上，强化了中國大一統國家的合法性，成爲歷代國家治理能力的一個重要測度。

一、黄河治理維護了國家的社會穩定

從秦并六國到漢朝建立大一統國家，中國統一的多民族國家形成并得到初步發展。當時中央政府對所轄疆域有『北邊郡』和『内郡』之稱。内蒙古額濟納旗出土的居延漢簡有載，『豤（墾）田以鐵器爲本北邊郡毋鐵官印器内郡令郡以時博賣予細民毋令豪富吏民得多取販賣細民』，可以看出北邊郡是與内郡相對應的行政管轄區域。《史記》卷二十八『封禪書第六』載：『上乃遂去，並（并）海上，北至碣石，巡自遼西，歷北邊至九原。』〔七〕。《史記》卷三十『平準書第八』載：『天子北至朔方，東到太山，巡海上，並（并）北邊以歸。』〔八〕司馬遷多次提及北邊，足見統治者對北邊治理的重視。

漢武帝時，齊人延年提出從今内蒙古引黄河水經今北京一帶，向東注入渤海，以衛北部邊疆。『是時方事匈奴，興功利，言便宜者甚衆。齊人延年上書言：「河出昆侖，經中國，注勃海，是其地勢西北高而東南下也。可案圖書，觀地形，令水工準高下，開大河上領，出之胡中，東注之海。如此，關東長無水災（灾），北邊不憂匈奴，可以省隄（堤）防備塞，士卒轉輸，胡寇侵盜（盗），覆軍殺將，暴骨原野之患。天下常備匈奴而不憂百越者，以其水絶壤斷也。此功壹（一）成，萬世大利。」』〔九〕《史記》卷二十四『樂書第二』載：『天馬來兮從西極，經萬里兮歸有德。承靈威兮降外國，涉流沙兮四夷服。』〔十〕如今，包頭地區出土了『四夷盡服』瓦當，出土文物與傳世文獻的呼應，成爲黄河治理維護祖國北部邊疆穩定的見證。

《史記》卷三十『平準書第八』載：『嚴助、朱買臣等招來東甌，事兩越，江淮之閒（間）蕭然煩費矣。唐蒙、司馬相如開路西南夷，鑿山通道千餘里，以廣巴蜀，巴蜀之民罷焉。彭吳（吴）賈滅朝鮮，置滄海之郡，則燕齊之閒（間）靡然發動。及王恢設謀馬邑，匈奴絶和親，侵擾北邊，兵連而不解，天下苦其勞，而干戈日滋。』〔十一〕清代《汾陽縣志》卷十三『藝文』收録曹學閔《開修黄蘆嶺車路紀德政碑記》，上載：『永寧州，界連西陲，北達邊外歸綏諸路，商賈遠貿粟麥，泛皮船隨黄流南下，聚于州西磧口，一府之民仰利賴焉。而東至太原，南抵平陽，州縣凡二十餘，亦視汾爲橐鑰，蓋所繫非特一方生計矣。』〔十二〕民國時期，東北淪陷後，開發西北刻不容緩，而『黄河中游之水利，自應加以擴充及整理，藉（借）收桑榆之效，以挽狂瀾於（于）萬一』〔十三〕。

因黄河流域自然條件優越，歷朝歷代都十分重視對此地的開發，通過强有力的國家干預方式推動各類産業的發展，爲中國北部疆域的形成和社會穩定奠定了基礎。

二、民族交往、物資交流、技術轉移促成黄河治理共同體

《史記》卷十五『六國年表第三』載：秦始皇三十三年（前214），『築長城河上，蒙恬將三十萬』〔十四〕。這數十萬人中，擁有一技之長的人員不在少數。由此，邊地人口不斷增多，而豐富的物産則促進了商品交流與統一市場的形成。西漢《鹽鐵論・力耕第二》記録了『异物内流』的情形：『是以羸（騾）驢馲駞（駝），銜尾入塞，驒騱騵馬，盡爲我畜，鼲鼦狐貉，采旃文罽，充於（于）内府，而璧玉珊瑚瑠（琉）璃，咸爲國之寶。』〔十五〕此後，黄河北岸的『羸（騾）驢馲駞（駝）』『驒騱騵馬』『鼲鼦狐貉』『采旃文罽』與西南織錦、中原麻織、農作物等物資相互交流，逐步形成統一的國内大市場，加强了邊疆與其他地區的經濟聯繫，促進了邊疆特色産業的發展。

隨着民族交往交流交融的增强，清代以降，黄河流域内蒙古段輸入到内地的也不僅僅是『异寶』了。《綏遠通志稿・水路》載：『自乾隆以還。口外墾殖日廣。民殷物阜。出境之油、糧、鹽、鹼（碱）、甘草各貨。入境之日用雜貨。山西與歸綏往來之商運。凡經河路者皆以托屬河口爲唯一之碼頭。』〔十六〕從清乾隆年間到民國時期，由内蒙古經黄河運到山西的貨物有糧、油、鹽、碱、藥材、皮毛等，其中以糧油爲最大宗。糧食品種主要有糜黍、穀子、高粱、豆類及玉米、大小麥

等，油料主要是胡麻。内蒙古供貨支綫有從阿拉善盟阿拉善左旗吉蘭泰鹽池到山西吕梁市磧口鎮的運鹽駝路，五原縣、臨河區一帶各大幹渠的運糧水道，杭錦旗、達拉特旗的甘草馱運綫，鄂托克旗的運碱駝路。内蒙古段各條支綫以供貨爲主，山西段若干支綫以運銷爲主。

《臨縣志》載：『清朝乾隆至民國年間，陝、甘、綏、蒙等地的物資，通過此航綫運達磧口，再用牲口馱運到離石、吴城，轉運至東路（汾、平、介、孝等縣）。據民國 20 年（1931）統計，每年從綏遠磴口航至磧口的貨船不下 4000 餘艘』，『是陝、甘、綏、寧與晋西北物資集散之重鎮』。〔十七〕可見，内蒙古在甘肅、寧夏與陝西、山西等沿黄上下游物資交易中起到了重要的聯結作用；同時也吸引了山西、陝北、河北、山東、甘肅等地的農民遷移至此，并將開渠打壩、引水澆地等農業生産技術、手工技術和商業貿易經營方式帶到這裏。他們在此扎根，除了從事農業生産外，還挖甘草、下窑背炭、在黄河上拉船、在沙漠中拉駱駝、打短工放冬羊、開碾磨油坊，等等。不同地域、不同民族的人們合力修築河渠、引水興業，逐漸形成休戚與共的共同體。其間積纍的産品交易、商業管理、社會治理等方面的經驗，在今天依然有借鑒意義。

清代『首重治河，探河源以窮水患』〔十八〕，但更深層次的考量是『宣揚大一統及增强國家認同』〔十九〕。黄河流域人口基數大、分布廣，而全流域治理理念將不同地區、不同民族的人們凝聚成命運共同體，而『大一統』理念正是這一治理實踐的核心主題。

三、黄河流域拓展了中國的發展空間

早期統治者因巡幸及邊防建設所需，統籌管理沿黄河運與秦直道等沿黄馬道，維持着中央政府對北邊的有效治理。河套平原引黄渠道的建設爲秦漢王朝屯田事業提供了基本的水利保證，并將這些區域變成防禦北部邊患的大後方與根據地。于是，沿黄馬道、沿黄河運與萬里茶道、草原絲路等陸路運輸聯通起來，促進了中華文明與其他文明的交流互鑒，拓展了新的發展空間。

新中國成立之後，沿黄各族兒女在中國共產黨的領導下團結合作、艱苦奮鬥，實現了大河安瀾。黄河流域建立起行之有效的防洪抗汛機制，支撑着沿岸的産業發展，改善了周邊生態環境。當代治黄史證明，正是由于中國共産黨的正確領導以及集中力量辦大事的制度優勢，纔從根本上减輕了河患的威脅。進入新時代，黄河流域在築牢安瀾根基的同時，以蓬勃活力拓展着中國的發展空間。沿黄九省區在協同發展中不斷釋放潛力，讓黄河流域成爲國家區域協調發展戰略中不可或缺的重要一極，爲中國的發展源源不斷地注入新動能。

綜上所述，黄河流域的治理不是單純的河道治理、生態環境治理或社會治理，而是一種關涉水、沙、産、人四者關係的系統性、協同性治理，是推動國家可持續發展的動力，也是厘清國家治理與邊疆治理兩者動態交互實際效果的絶佳視角。而黄河工程等『中國本土理論資源、學術積纍』〔二十〕，有助于研究國家治理的演進歷程。進入新時代，黄河治理與國家治理的關係研究不斷開闢新視角、持續涌現新成果，其中鑄牢中華民族共同體意識、邊疆治理與黄河流域生態保護和高質量發展成爲非常重要的研究視角。因此，基于這一角度搜集整理黄河國家治理文獻，意義重大。《黄河國家治理文獻集成》，應運而生。

本叢書系統梳理了黄河治理的歷史脉絡與經驗，既爲新時代黄河流域生態保護和高質量發展提供了歷史鏡鑒，更以文獻爲載體，傳承了治理智慧、凝聚了民族力量，是服務國家發展戰略、鑄牢中華民族共同體意識的重要學術實踐。

《黄河國家治理文獻集成》編委會

二〇二五年一月

〔一〕韓建業：《中華文明的起源和形成》，載《中華民族共同體研究》2022年第4期，第80–91+172頁。

〔二〕中共中央馬克思恩格斯列寧斯大林著作編譯局：《馬克思恩格斯選集》第二卷，人民出版社，2014年，第240頁。

〔三〕嚴文明：《黄河流域文明的發祥與發展》，載《華夏考古》1997年第1期，第49–54+113頁。

〔四〕（漢）班固：《漢書》卷二十九「溝洫志第九」，中華書局，1964年，第1692頁。

〔五〕（漢）司馬遷：《史記》卷六「秦始皇本紀第六」，中華書局，1963年，第252頁。

〔六〕冀朝鼎：《中國歷史上的基本經濟區與水利事業的發展》，朱詩鰲譯，中國社會科學出版社，1981年，第7頁。

〔七〕（漢）司馬遷：《史記》卷二十八「封禪書第六」，中華書局，1963年，第1398–1399頁。

〔八〕（漢）司馬遷：《史記》卷三十「平準書第八」，中華書局，1963年，第1441頁。

〔九〕（漢）班固：《漢書》卷二十九「溝洫志第九」，中華書局，1964年，第1686頁。

〔十〕（漢）司馬遷：《史記》卷二十四「樂書第二」，中華書局，1963年，第1178頁。

〔十一〕（漢）司馬遷：《史記》卷三十「平準書第八」，中華書局，1963年，第1420–1421頁。

〔十二〕（清）方家駒修，（清）王文員纂：《汾陽縣志》卷十三「藝文」，清光緒十年刻本，第57–58頁。

〔十三〕王華棠、劉錫彤、吴樹德：《黄河中游調查報告》，華北水利委員會編印，1934年，第1頁。

〔十四〕（漢）司馬遷：《史記》卷十五「六國年表第三」，中華書局，1963年，第758頁。

〔十五〕王利器：《鹽鐵論校注》，中華書局，1992年，第28頁。

〔十六〕綏遠通志館：《綏遠通志稿》第十册，内蒙古人民出版社，2007年，第176頁。

〔十七〕臨縣志編纂委員會：《臨縣志》，海潮出版社，1994年，第273、321頁。

〔十八〕趙爾巽等：《清史稿》卷一二六「河渠一」，中華書局，1977年，第3715頁。

〔十九〕劉惠：《乾隆朝重構黄河河源的實踐與國家認同》，載《清華大學學報》（哲學社會科學版）2018年2期，第147–154+195頁。

〔二十〕許耀桐：《當代中國「治理」概念的演進探析》，載《國家現代化建設研究》2023年3期，第100–111頁。

出版前言

黃河，中華民族的母親河，她不僅孕育了中華文明，更見證了中華民族數千年的發展歷程。習近平總書記深刻指出：『從某種意義上講，中華民族治理黃河的歷史也是一部治國史。』這一重要論述，爲新時代黃河文化的保護傳承以及流域治理提供了根本遵循，也深刻揭示了黃河治理在國家發展和民族復興進程中的核心地位。在學習貫徹習近平新時代中國特色社會主義思想，積極響應國家黃河流域生態保護和高質量發展重大戰略，大力推進北疆文化建設的背景下，《黃河國家治理文獻集成》的編纂出版，具有重要的歷史意義、學術價值與現實指導意義。

黃河治理，自古以來就是國家的頭等大事。從遠古時期大禹治水，到當代運用科學技術進行系統治理，中華民族在數千年的時間裏，積累了豐富的治河經驗，留下了浩如烟海的文獻遺産。《黃河國家治理文獻集成》收録了元代至民國時期古籍、朱批奏摺、期刊圖片等多模態文獻資源。這些文獻内容豐富、維度多元，既包含記載河工技術、治理方略等的專書，又有漢文朱批奏摺、工程檔案以及不同區域的調查研究報告等。民國時期的文獻則標志着現代水利科學開始融入黃河治理，展現了我國水利事業在時代變革中的創新與發展。近代照片的收録則以更加直觀的方式將黄河治理、黄河沿岸的風貌呈現給讀者。

該文獻的出版，不僅是對瀕危黄河文化遺産的及時搶救與保護，更是對我國水利史、國家治理史、邊疆治理研究學術鏈條的重要補充，具有較高的文獻價值和學術意義。尤爲重要的是，這一集成工作，深度契合鑄牢中華民族共同體意識這一全黨全國各族人民的共同任務。各民族在治理黄河的歷史進程中，緊密協作、共同探索，這些珍貴文獻便是各民族交往交流交融和中華文明認同的生動見證。對這些文獻進行整理出版，能够讓各族人民更加深刻地認識到，在歷史長河中，各民族共同爲黄河治理貢獻了力量，共同守護了家園，從而進一步增强對中華民族共同體的認同感與歸屬感，夯實鑄牢中華民族共同體意識的歷史根基。

《黄河國家治理文獻集成》以『國家治理』爲核心綫索，構建起一個全面、系統、多維的文獻體系：在時間跨度上，聚焦從元代至民國這一傳統治河向現代水利轉型的歷史時期，爲深入研究我國水利事業的發展脉絡提供了清晰的時間坐標；在内容分類上，細緻劃分爲技術專著、工程檔案、區域研究、朱批奏摺、科學報告、圖片等類别，涵蓋黄河治理的各個方面，從不同角度展現了我國在黄河治理上的探索與實踐；在版本選擇上，秉持嚴謹、科學的態度，確保文獻内容的準確性與代表性，爲學術研究奠定堅實基礎。

在編纂過程中，叢書特别注重『全流域治理』的理念，不僅收録了有關下游防洪治河的重要文獻，還涵蓋了中游地區水土保持以及上游地區灌溉開發等方面的珍貴記載。這種對黄河全流域治理的全方位關注，與當前『共同抓好大保護，協同推進大治理』的要求高度契合，充分體現了叢書在傳承歷史文化遺産的同時，緊密服務于當代國家發展戰略的時代價值。

在出版過程中，嚴格保持原書的版式與行款，最大程度地還原文獻原貌。對于部分出現黴變、殘缺的頁面，運用先進的數字化修復技術進行精心處理，在保留原始批注與印章痕迹的基礎上，兼顧了文物的真實性與文獻的可讀性。

此外，爲了更好地服務讀者，方便學術研究，本叢書新增了目録、提要等内容，這些新增部分由編委會精心撰寫。新增目録一般編製二級，個别圖書編製三級；原書有目録而内文無對應標題的，根據原書目録照録；原書目録爲關鍵詞或者其他情况的不編製目録；原書目録與内文不一致的，以原書内文爲準；原書無目録的，按卷端、版心或其他部分輯録；一册書中收録多種圖書的，以書名爲一級標題，編製二或三級。在文字使用上，統一使用現代漢語規範繁體字，對于原版文獻中的异體字、避諱字也使用現代規範繁體字，無對應規範繁體字的保留原字。

《黄河國家治理文獻集成》的出版，是對黄河文化遺産的一次系統性、搶救性保護，具有重大而深遠的現實意義：從學術價值層面來看，叢書成功構建起一座連接傳統與現代治黄文獻的橋梁，爲黄河流域生態保護、水利工程史、國家治理史、邊疆治理、中華民族共同體學等多個領域的學術研究提供了豐富、翔實的基礎文獻，有力推動了相關學科的發展與創新；從文化價值角度而言，生動展現了北疆文化與黄河文化在歷史長河中的交融共生，爲内蒙古『北疆文化』品牌建設提供了堅實的文獻支撑，進一步豐富了中華文化的内涵與外延；從實踐價值方面考量，書中所藴含的治河理念爲我們在新時代背景下實現人與自然和諧共生、推動黄河流域可持續發展提供了寶貴的歷史經驗與智慧啓示。

在此，我們要衷心感謝各藏書機構的大力支持，正是他們提供了珍貴底本資源，纔使得本叢書的編纂出版成爲可能。同時，我們也要向文化遺産智能應用服務中華民族共同體建設『英才興蒙』團隊致以崇高的敬意，他們歷經五年的辛勤耕耘，以嚴謹的治學態度和專業的學術素養，對文獻進行了系統的整理和輯録，爲叢書的内容質量提供了堅實保障。此外，我們還要特别感謝内蒙古自治區黨委宣傳部、内蒙古出版集團將本叢書納入『北疆文庫』重點項目，并在出版過程中給予全方位支持與幫助。

我們衷心期待，這套凝聚着無數心血與智慧的《黄河國家治理文獻集成》，能够在新時代的『黄河大合唱』中奏響歷史的强音，爲黄河流域生態保護和高質量發展注入强大的歷史動力，讓黄河文化在保護中傳承，在傳承中創新，在創新中不斷發展，綻放出更加絢爛的光彩。同時，希望這套叢書能够成爲促進各民族文化交流、鑄牢中華民族共同體意識的重要載體，助力各民族更加緊密地團結在一起，共同爲實現中華民族偉大復興的中國夢而努力奮鬥，讓中華民族共同體意識在黄河文化的滋養下，扎根于每一位中華兒女的心中，成爲推動中華民族不斷前進的强大精神力量。

提要

《調查河套報告書》，督辦運河工程總局編輯處編纂，民國十二年（1923）由京華印書局出版。該報告書由馮際隆率團實地考察後整理而成，系統記録了二十世紀初河套地區水利與墾務等重要資料。

馮際隆爲民國時期水利專家，生卒年及籍貫未詳，擅長測繪工程技術。民國八年（1919）受督辦運河工程總局委派，率團開展河套水利調查。其仕履與水利事業緊密相關，主持過多次實地勘測，尤其在河套地區的水利規劃中發揮了關鍵作用。他主張科學治水，注重結合實地勘查與工程技術，强調水利開發應服務于民生與農業發展。

報告書以民國八年調查爲基礎，内容涵蓋河套全境，分爲寧夏、後套、前套、三呼灣四個區域，重點記録河道、渠工、墾務等核心問題。調查團歷時五個月，行程六千八百四十二里，采用測繪儀器與實地走訪結合的方法，詳細記録了各區域的沿革、氣候、物産及風俗，特别關注灌溉系統與鹽碱地治理。書中附有大量圖表、圖片及公文檔案，如潘復呈報大總統的勘測報告、各部門公文往來等，兼具科學性與史料價值。

總目録

下册

上册目録

調查河套報告書目次

附圖表

墾務附圖

甯夏墾地圖

後套墾地圖

三呼灣墾地圖

前套墾地圖

河道附圖表

南海子黄河流量表

磴口黄河流量表

南海子黄河水面漲落表

磴口黄河水面漲落表

附件

河套疆域最近形勢圖

潘復肖像

調查團出發在西直門車站

旅行騾車及護送隊途次拔升齊

二

南海子黃河設立水尺並測流量

南海子黃河水準測量

黃河舟行次昭君坟停泊

黃河舟行在城諾爾上游遇雨後晒裝

四

勘測義和渠至五加河舟次午餐

黃河舟行次克克阿郎

五

黃河舟行次磨石溝遇風

旅行次鄂托克旗圪舌地方露營駐宿

六

乘駝旅行次杭錦旗沙地

調查團員與五原官紳

綏遠護送隊

渠道大家王同春及開浚老郭渠之工程師

八

張家口之賜兒山一

張家口之賜兒山二

張家口之賜兒山三

綏遠城

綏遠五塔招

拔升齊石棉礦山

包頭轉龍藏

隆興長義和渠橋

義和渠附近綿羊飲水

十四

開浚老郭渠一

開浚老郭渠二

開浚老郭渠三

開浚老郭渠四

十六

羅畔招黃河

磴口黃河

三道坎黃河

石嘴子黃河及炭礦

十八

石嘴山街市

寧夏街市

賀蘭山

唐來渠正閘

二十

漢延渠正閘側面

惠農渠正閘

二十一

青銅峽一

青銅峽二

二十二

百八塔

鄂托克旗之新招

蒙古包

大黑河口

二十四

凡例

一是編首列公文函件及臨時規約以爲緣起以示進行方針不另製文

一緣起之後先列簡明報告一卷以爲總綱以後另分寧夏後套三呼灣前套四區詳述之其事實有與前卷相同處蓋意在求詳不避繁複閱者諒之

一各種圖表皆據實地測量勘驗繪成間有與舊圖不同處乃係舊圖錯誤例如烏拉河口距石嘴山實計三百里而舊圖祇作百里本圖悉據經緯度數修正以昭核實

一河道墾務渠工三項爲此次查勘主要之事故於前代詩文及近今著作皆盡力搜羅擇其有關係者附入各區或載入附件以備參考

一關於河套屯墾之歷史及歷代郡縣興廢之沿革於整理計畫至有關係茲特詳加考訂或錄爲篇或列爲表以附於後

一此次派員調查期限僅五閱月不無罣漏疎畧之處閱者諒察

特件

督辦潘呈　大總統報告勘測河套情形文

呈爲報告歷年考察勘測河套情形繪製圖表規劃綱要用期發展墾植擴裕民生以興水利而弭河患仰祈

鈞鑒事竊復自民國八年奉

令督辦運河工程勘查南北運河以外兼及黃河深見直魯水道之利害消長均與黃河息息相關非黃河有根本之精研則規畫行水實無長治久安之善策至若黃河爲患論者多歸咎於下游堤防之不固不知下游受害之原恒以上游水量失所調劑有以致然竊嘗按之圖史考其變遷究其利害而知河套一區實爲黃河流域容納水量之最要關鍵歷觀漢唐兩朝經營河套則下游河患較少宋明二代未遑整理則下游之患較多事在典册可覆按也斯非由

此著手窮究其地之水道利病不足以治黃而黃運兩河流域相接利害相共黃不能治則治運亦未易收功故復自任事以來循流溯源時切研索並節經延集中外工程專家切實討論具有端倪乃於民國八年五月間遴選測繪得力熟悉河套人員組織勘查河套團前往該地實行查勘所有該團應需儀器物品及沿途旅費卽由復籌措完備並擬訂詳細勘查測量規則表式記載等册發交該員等遵照進行即日出發以上籌備情形業經由運河工程總局咨呈國務院及分咨內務農商各部暨蒙藏院各在案旋該員等事竣回局繪圖報告復逐細究核尙屬詳明茲謹撮具大略情形並酌擬整理綱要爲我大總統縷晰陳之查河套地勢以墾務論約可分爲四區其在北者曰後套南界黃河北盡狼山東起烏拉山西至阿拉善面積約四萬方里後套之南曰前套南起長城東西北三面距河面積約二十九萬方里前套之北後套之東曰

三呼灣南界黃河北至烏拉山西起西山嘴東至全把兎面積約一千八百方里前套之西曰寗夏東界黃河西饒賀蘭山南起青銅峽北至石嘴山面積約二萬方里全套面積約三十六萬方里是非統籌全局節節測量確定準則則農墾水利計畫斷難周密自八年五月十一日該員等由京出發乘京綏車抵豐鎮至於綏遠經綏遠都統派員協同週閱墾務局及測候測繪各所接洽討論農墾水利各事件旋由綏遠啟行經過察素旂薩拉齊縣城至包頭鎮迤南十五里之南海子自此實行施測是爲勘測河套之起點由南海子舟行溯河而上歷召灣昭君坟三呼灣西山嘴等處入後套經過城渃爾塔布長勝老郭義和各渠至隆興長是爲後套統計勘測支綫六百餘里復由義和渠舟行而上歷勘沙河豐濟剛目纏金各大渠過五加河出後套入阿拉善境至磴口經石嘴山入寧夏境歷勘惠農渠稍紅崖子渡口昌潤渠口至同富堡河路計程

一千五百七十餘里自此陸行抵寧夏寧夏護軍使暨寧夏道尹派員協助勘查西至賀蘭山南至青銅峽歷勘唐來大清漢延惠農秦漢各渠週回計程六百四十里以上均逐段分別地形水準斷面流量一一施測並隨地調查渠工農墾已往各成績又擇要設置量水標雨量計以爲水量統計之準則事竣由寧夏回勘陸行經平羅城至石嘴山渡河而東入鄂爾多斯草地是爲前套經什拉葛兎而克舌而新召而召蘇而烏蘭吉里木而哈他土而杭錦營盤而格達拉格烏蘇而包羅阿斯台而五塊兎路而紅同灣復抵南海子計程九百餘里由南海子順流舟行歷勘至河口鎮計程三百里是爲河套勘測之終點統計此次勘查往返路程凡六千八百四十二里週勘河套之路線共爲四千餘里此該員等出發勘測之大畧情形也後套居南北兩河之間其地約五萬餘頃皆由河水淤積而成質軟而其城性得水則土膏腴美無水則堅成石田去

河愈遠地勢愈低渠水就下自入田中無水車桔槔之勞此天然水利之資也向由地商自向蒙人租種至清光緒季年貽穀奉命督辦蒙旗墾務各旗始一律報墾計後先放墾永租各地九千七百零九頃後以渠道湮塞地漸荒蕪現存種者僅有三千五百餘頃三呼灣土質與後套同可耕之地約七千頃貽穀任內即有開放之議旋以案發而止民國二年綏遠都統飭令該旗報墾延至三年東公旗始將該地報墾三分之一西公旗則力爲阻撓迭經都統署派員交涉始於該區東偏報墾二千四百三十頃甯夏地亦同後套自漢徐勳開渠溉田民獲其利歷唐宋元明代有經營至清初又開察漢托護之地計先後墾地實有二萬一千七百三十餘頃歷漸荒蕪現存種者僅有六千五百三十四頃前套地質係沙泥兩和之土均屬旱田不須灌溉亦可耕種該地墾務起於康熙季年初由貧民私租至貽穀辦墾始由官放現墾一萬九千九百九十三

頃此外已報未放者尚多此河套墾務興廢之大略也全套墾務除前套一區純係旱田外餘皆需水灌溉故墾闢套地以開渠爲要務查後套舊有幹渠八道一曰永濟亦名纏金長一百六十里一曰剛目長七十里一曰豐濟亦名中和長九十里一曰沙河亦名永和長八十五里一曰義和長八十三里一曰通濟亦名老郭長一百零二里一曰長勝亦名長濟長一百零九里一曰塔布長九十七里今祇纏金納流通暢義和次之餘皆淤斷其他小幹渠亦湮沒過半三呼灣墾植最晚渠工亦未大興僅有小幹渠三道曰墾務曰史家曰西公合咱共長百有餘里甯夏渠工始於秦及於漢唐至清初又續開三渠合爲五大幹渠曰唐來長三百二十里曰漢延長一百九十五里曰大清長七十五里曰惠農長二百六十里曰昌潤長一百三十六里其支渠共有八十餘道惜歲失修渠身淤淺非至大汎則往往乾涸此河套渠工之通塞大略也由是觀之套

地墾務之敗壞固由於渠道之淤廢實以無統籌全局之計畫有以致然如果通盤籌畫精施測量工程適宜水勢自順此百世之利何遽至敗壞如是茲就調查勘測各情形酌擬方鍼除前套旱田另作第二步計畫外謹即後套三呼灣寗夏三區分別言之以資爲整理之初步竊按後套全區可墾之地約有五萬頃之多現有幹支各渠溉地僅九千七百餘頃未及五分之一近益荒廢存者且不及五千頃考其原因舊有渠道各自承河河溜遷徙無常渠口自易淤塞若將各渠斟酌去留改渠口於適宜之地使傾斜度較河畧緩則水高田下如坂之走丸其勢自順今擬開爲三大幹渠一自烏拉河闌口入中格爾渠經善壩由黃圖拉亥河至福興元入五加河長約一百八十里一自纏金渠至永盛和東折截剛目協成各渠入灶火渠過同興德由義和渠經隆興長至東壩頭入五加河長約二百三十餘里一自黃渠口與黃河並行經古城入長勝渠

至依肯補隆入五加河長約一百七十餘里幹渠既少則河水納於渠者力大而迅不易沈淤視承河渠口紛紜錯雜勢分力弱者迥不相侔矣惟各渠既入五 河而該河現已湮斷水停淤落全部渠道必受其害擬從該河尾湮斷處開一退水渠沿烏粱素海子西至西山嘴長約四十里以達於黃河裨溉田餘水有所宣洩進退調適庶幾無弊幹渠兩岸每十里開一支渠長各三十里三幹一百一十六支整齊畫一若網在綱視隨意開掘散無統紀者又不侔矣而幹渠之口與黃河斜交處又宜建新式迎水壩各一座以挽河流入渠則不慮河水之小又下建滾水壩各一座設洩洪水道以洩渠漲入河則又不患河水之大又下建旁閘各三座隨時啟閉調劑盈虛再下跨幹渠建正閘一座是爲一渠咽喉要道視需要水量之多寡定啟放閘門之度數欲澆地有一定時間須輪流封俵則於支渠與幹渠相接處建陡口以制之此項陡口須一百一十

六座處幹渠水面不高洩入支渠力弱則於渠尾建閘以節之處陡口啟閉流滯患淤則啟尾閘以放之此項尾閘宜各設一座各渠上游高仰之地不能行使本渠之水者必支引他渠之水而於本渠架水槽以渡之其渠間低下之地處爲渠道所阻積水成澤者則於渠下築暗洞以洩之道路處爲所阻耕牧往來不便者則於渠上建橋梁以濟之是又宜建水槽暗洞橋梁各若干座凡此工程皆關重要統籌通計方臻完全此酌擬整理後套計畫之據概也三呼灣有三呼河乃黄河支津今擬即以該河爲總渠別闢六支渠長各四五十里斜交而承接之以足溉全區之地爲準渠口亦建迎水壩一座滚水壩一座旁閘二座正閘一座陡口六座尾閘一座該區壤地較狹工程亦省甯夏渠道淤廢最甚現在通流僅五分之二故所灌之地較原額不過四分之一查舊有渠道惟唐渠形勢最順蓋以河水出青銅峽唐渠承之即占全寬五分之二即此一

渠整理適宜足溉甯夏全區之地現以渠身淤墊失其容納之量以致入口之水旋由各閘壩洩入黃河而溉入田中者爲數無幾議者欲於靑銅峽建設鐵閘逼水歸唐渠轉注於大淸漢延惠農各渠而盡杜各渠承河之口俾唐渠爲總口詢爲扼要之計畫茲擬修濬渠身展闊口閘以暢其機杜塞大淸漢延惠農昌潤各渠口以聚其流而於唐渠正閘下游別開一渠以通大淸漢延惠農三渠復於惠農所經之淸水堡間開口引水以通昌潤並改修支渠陡口以順其勢如此則幹支俱暢條理煥然視五渠並列不獲一渠之用者又不侔矣至建築鐵閘尤爲至要查靑銅峽口水流湍急工程較難擬仿灤口鐵橋之制以鐵胎混凝土爲樁疊石爲垛上架鐵橋下施鐵閘用螺旋以升降之乃能持久此整理三呼灣甯夏兩區計畫之據概也以上三區辦法綱要具列於圖仍當精施測量再爲有詳細之規定若能認眞整理計成田之數當有七萬八千餘

頃其規復舊地及新墾荒地應繳價給領者約六萬二千餘頃其現種各地因整理之後同受灌溉之利益應納渠費者在甯夏有六千五百餘頃在後套有七千七百餘頃在三呼灣有二千四百餘頃統俟開辦之時酌察各地情形規定荒價歲租渠費之數以爲償還工程經費之資約略計之有餘無絀事關民生國計自當逐細籌維竊維河套疆域久屬蒙旂漫無綱紀近雖設官建治以示撫循而國家多事外蒙生心盜匪縱橫强鄰窺伺西北一隅岌岌堪虞似宜於整理水利之時兼爲移兵屯墾之計內以闢人民之生機外可消不軌之隱禍即使邊疆有事亦不難振領提綱用固吾圉況方今財政支絀萬分而耗於兵者十居七八昔趙充國屯田以制羌郭守敬溉田以備塞皆內省轉漕外伐敵謀著在史册資爲美談後世踵而效者多建奇勳茲擬於農墾而外擇腴劃分兵墾遠以法古人之老謀近以紓當今之財力不煩運輸之勞坐收飽騰之

效裁兵裕餉莫善於茲且內地人民繁適生計日艱窮困烝黎易流爲匪計三區開地六萬二千頃以三分之一安插裁兵四夫一頃可置八師之衆又民一十六萬餘夫每夫家屬平均五人計置民一百二十五萬口再以民食計之每畝產糧至少塞外大斗五斗共產糧三千一百萬大斗以一人年食十二斗可養二百五十萬人果能盡闢荒蕪化爲良沃不數年間富庶可等於內省況開渠溉種常年無水旱之憂收穫之豐可操左券至若毛革鹽城煤炭藥材之屬皆爲河套物產之大宗頻年以來悉爲洋商賤價估收利權外溢整理以後民歸日衆商務自興再由公家繼續招商設廠提倡製造因勢利導不難日起有功而間接溫飽者何啻數十萬家且田賦糧產出入貨捐按定數以啓征計最少之數亦可達二百萬元以云財政不無稍裨其尤要者長江黃河同爲中國巨川乃長江流域在在殷繁黃河所經動輒凋敝蓋以長江東下沿途有洞庭

鄱陽諸湖爲之宣蓄故水性平靜無漲落横决之虞黄河自靑海至中衛多行山峽逼流猛下及過河套下龍門穿潼關東抵成臯莽莽平原漫無停蓄惟借堤岸以束其勢盛漲暴至則縱横冲决百丈洶濤沙泥俱下遂有防不勝防之勢套地三面環河面積三十六萬方里實爲消容水量最大區域既經闢墾先後成田八萬頃每月以溉地一輪入土一尺計之每秒時需水一萬八千五百立方尺加以蒸發滲漏計之每秒約需水量二萬二千立方尺以是推之由秒而刻而時而日月消容之量較長江之有洞庭鄱陽諸湖殊無軒輕上游之水勢既分下游之水災自減外以化荒漠爲良田内以奠洪流爲安堵即有偏災亦易爲理此尤爲治河當務之急者也獨是整理基金以渠工爲最計在後套者需約一千萬元三呼灣者約需一百萬元寧夏者約需五百萬元三區整理共需基金一千六百萬元統籌並進其工程自屬整齊畫一第以現今財政綫

急計之恐非力所能至似又宜分區辦理較爲易舉茲假以先辦後套俟工竣之後即以所收地價移辦他區循序漸進事功易集得寸進尺莫非利賴不過稍展時日則所需基本金但能籌得一千萬元特簡大員專設機關合上下游三區統籌合計次序進行歲月之間必期成效如以政府財政方艱籌撥匪易似宜召示國内准令商民組織公司招股興辦官爲督理亦可集成事功總之爲國防計爲裁兵計爲殖民計爲治河計整理河套均有重要關係仰祈

飭下主管機關及早核議定奪伏希

明令批示遵行實爲幸甚所有歷年考察勘測河套情形繪製圖表規畫綱要用期發展墾植擴裕民生以興水利而弭河患各緣由是否有當理合呈請

鈞鑒訓示祇遵謹呈

大總統

督辦運河工程事宜潘復

調查緣起

（甲）公文

致熊督辦公函

敬啓者竊查本局籌治運河以來勘察南運以外兼及黄河與直省五大河流循脈徵源研考體性深見直魯各河俱與黄河息息相關利害消長所係至爲密切非黄河有根本之研究則規畫行水實無永安長治之方針至於黄河之患潰決爲害從表面上觀之河流淤滯每歸咎於下游堤防之不固而不知下游受害之原實在上游之水量失所調劑有以致然誠以河自青海至中衛多行山峽逼流猛下自中衛入河套以迄托城洩洩節制曲折迴環極千餘里最爲黄河流域容納水量之區及其過龍門穿潼關東折而抵成皋也洶湧河流平原莽莽盛漲暴集則縱横冲决覺奔走駭汗而有防不勝防之勢矣故漢唐

兩朝經營河套而下游之患較少宋明二代未遑整理則下游之患較多河套一區極與黃河有關非窮究其地之水道利病不足以治黃而黃運兩河流壤相接利害相共黃不能治則治運亦未易收功今欲爲研究根本之計擬行派員調查勘測以求確實之標準近延集中外工程專家節經討論並就技術員中組成一班派爲調查勘測河套團查有馮際隆熟於該地情形於測繪工程技術亦甚優美即飭該員領同前往實地勘查所有該團沿途應需品物器具旅費等項已由復處措辦完備並另訂擬勘察詳細規則表式記載等册發交該員等遵照進行尅日出發相應陳明伏希

察核分別咨行至爲感切此上

督辦運河工程事宜熊

督辦運河工程事宜處咨呈國務院文

爲咨呈事據會辦潘復函稱（語同前函）等語准此詳查本局潘會辦所陳調查勘測河套各節洵爲籌治吾國水利根本要計該團人員既已齊集一切應需用品物及沿途旅費并已措妥現距桃汛伊邇亟應尅日出發迅赴事功惟河套遠在蒙邊交通梗滯行旅維艱該員等人地生疏沿途經過必賴官廳指導保護方資便利爲此咨呈

鈞院察考並請

飭行內務農商各部蒙藏院綏遠都統即爲轉飭所屬沿河地方長官暨各該管盟旗一俟該團勘查至境遇有請求指導事件一體接洽保護實爲公便除分咨內務農商各部暨蒙藏院綏遠都統查照外謹咨呈

國務總理

督辦運河工程事宜處咨內務農商部文

爲咨請事據會辦潘復函稱（語同前函）等語准此（語同前文）相應咨請
貴部查照希即轉飭沿河套各官署妥爲保護至紉
公誼除咨呈
國務院暨蒙藏院綏遠都統查照外此咨
內務農商總長

督辦運河工程事宜處咨蒙藏院文
爲咨請事據會辦潘復函稱（語同前函）等語准此（語同前文）相應咨請
貴院查照希即分咨該管盟旗各王公遇有該員等關於調查河套有請求之件隨時指示一切並爲飭屬保護至紉
公誼除咨呈
國務院內務農商各部綏遠都統查照外此咨

蒙藏院總裁

督辦運河工程事宜處咨綏遠都統文

爲咨請事據會辦潘復函稱（語同前函）等語准此（語同前文）相應咨請

貴都統查照一俟該員等勘查到境務希

飭選蒙文繙譯代僱鄉導酌撥軍警護保以便進行至紉

公誼至所有撥派人員應需供給膳需津貼僱價統由該團調查人員隨時核

明支付合併聲明除咨呈

國務院並分咨內務農商各部蒙藏院查照外此咨

綏遠都統

內務部咨復督辦運河工程處文

爲咨復事准

咨稱據會辦潘復函開組成調查勘測河套團派馮際隆領同前往實地勘查希轉飭沿河各官署妥爲保護等因正核辦間復承准國務院交同前因到部查原咨所稱現屆桃汛該團亟應剋日出發惟河套遠在蒙邊交通梗滯行旅維艱該員等人地生疏沿途經過必賴官廳指導保護方資便利等語自屬實在情形除由部分行外相應咨復　貴督辦查照仍希將該團勘查情形報部查核此咨

督辦運河工程事宜熊

農商部咨復督辦運河工程處文

爲咨復事准

咨稱據會辦潘復函開組成調查勘測河套團飭馮際隆領同前往實地勘查等語該團極應剋日出發惟河套遠在蒙邊交通梗滯行旅維艱該團經過沿

途必賴官廳指導方資便利咨請查照等因並准國務院函同前因各到部查
咨稱治運治黄計畫須先勘查河套既經派員前往勘測所有經過沿途各官
署自應妥爲指導保護以便進行除分咨蒙藏院綏遠都統轉飭所屬妥爲接
洽保護並咨呈國務院暨分行内務部外相應咨復
貴督辦查照此咨
運河工程督辦

（乙）規約

河套地屬邊荒遠在塞外自來遊歷著述大都注重旅况之艱辛及風土習尚
之荒寒者爲多而於地利河道之關係記載寥寥不獲概見茲特擬定調查規
約暫就内地河道墾務之普通手續酌量訂定既無該處詳細地理專書爲之
依據循斯進行未必無參差掛漏之處所望各團員於旅行實際探討增減變

通總期於事實上有所裨益幷不拘拘於定格要在不虛爲此行是則余之所厚望矣各團員其勉之所有條文具列於下民國八年　月　日潘復識

調查團之組織

一調查河套團專任調查黃河上游河套等處水道利病及屯墾因革各事宜定名爲調查河套團

一調查團設團長一人團員三人凡關於外交接洽及支配任務督率進行各事項團長任之關於調查測繪記載各事項各團員分別任之

一調查團須聘任蒙古謡譯一人專任與蒙人介紹接洽幷隨地咨詢採訪及協定行程各事項

一調查團設醫生書記各一人雨量記載量水標記載傭員若干人

一調查團須傭用嚮導夫役厨役馬夫等以便實地進行其數額由該團長按

照臨時情形酌定之

調查之範圍

一由托克托爲起點沿黃河西北行經薩拉齊至包頭又西行至五原徧查南北兩河之墾田渠道及墾務局各項成績再由五原西南行至磴口約計黃河本流沿線一千里北流沿線六百里及其他支線四百里合計約爲二千里

一由磴口東行至托克托沿前地學會會長張蔚西君計劃之橫渠路線勘測水平并調查該區內之水櫃及墾務情形路線約八百里支線約二百里合計約爲一千里

一以上所擬調查路線共計約爲三千里每日平均約行五十里每月除調查勘驗及陰雨外約實行旅行可得二十日以三千里路線計期間約須三箇

月惟遇有特別事項必須展期時由該團長隨時電知諒予寬展

一寧夏一區開闢最早農墾灌溉足爲全套新墾之模範該團調查至磴口時宜酌量時間及經濟之盈絀加入寧夏一線勘其成績以資參考約計往返爲六百里

調查之記載

一河流之形勢暨套地已墾未墾之狀況及其風俗古跡沿革風雨氣候森林礦產物値工價市塲交通等聯合相關各事項用單行記載式記載之

一旅行宿住道路氣候物値工價市塲交通現在各情形以及其他附屬各事項用日記式記載之

調查之測繪

一經過河川道路山脈起伏地勢高低村鎮位置暨各區域墾地荒地森林礦

産及凡與水利農墾有關者須載入平面圖其測繪方法如左

（一）方向用羅盤儀

（二）距離用步錶

（三）高低用氣壓表

（四）繪圖用携帶圖板

以上各事均以簡單切實縮短時間爲主旨

一宜於黄河附近適宜之地先據一固定物比較測量時之水面由此水面比較地平面及洪水低水所至之面界然後可决定能否施行灌溉之計劃此項高低之度用截面圖表之

一水量測量另詳於後

調查之事項

(二)墾務調查

一河套墾務端賴灌溉始能種植此次調查以詳審地勢高下能否引渠施行灌溉爲第一要義

一地有可墾與不可墾之別宜詳查其區域之廣狹並分別黏土地河淤地沙漠地山嶺地等以備將來計畫之實施

一不毛光沙之地有一經灌溉後可以種植者應於適宜之深度取土化驗之

一湖泊之面積深度水面之高下較地平之比數水味鹹淡宜分別查驗之

一已墾地之面積若何開墾之手續若何種植收割之時期若何現行灌溉之法若何需水之厚度若何有無水旱風災均宜詳悉

一關於套地農民之習慣如每人種地若干畝所用之牲口農餘之事項尤宜詳之

一宜詳查該地墾務局歷年之成績並搜集關於墾務之志乘及特別資料以備參考

(二)水量調查

一調查河渠之狀况及沿革大勢

一調查河渠之長寬深度以便推求容量之約數

一擇河渠適宜之處以測流量

一擇河渠適宜之處設置水標記逐日水面之漲落並於附近精測各級水面高之斷面以便推求各級流量之約數

一擇河渠適宜之處測驗含沙成分並探求各級之水色以便推求各級含沙之成分約數

一應於適宜之地設站以測驗雨量

(三)附屬調查

(1)氣候

一每日最高最低溫度一年中最冷最熱之度及降霜結冰解冰之時期以便推求植物生長枯老之季候

一雨量雪量之多寡及乏雨時期多雨時期雨點之密度

一風向風力多風之時期暴風損害農田之狀況

(2)物產

一農產之種類以何者爲大宗何物爲副產

一鑛產之種類其位置何在或已未開採

一該地所產石料其石質若何于何種建築爲適用

一該地有無森林其木材若何于何種工程爲適宜

一鹽城藥材牲畜皮毛久爲套產之大宗此外尙有何種產品其產量之約數若干

（3）商務

一出口貨之種類以何者爲大宗行消何處
一入口貨之種類以何者爲大宗由何處運來
一市街之概狀商務之盛衰其利弊若何
一通行貨弊及度量衡法有無利弊及應行改良

（4）交通

一河渠道路之狀況
一舟楫之種類載重若干日行里數及每担運價若干
一車輛之種類載重若干日行里數及每担運價若干

一用駝馬輸運每日頭每租價若干載重若干日行里數若干
一郵政電報已通行者何地其未通行者宜續設者何地
一能否擇適宜之地駛行摩托車輸運貨物或應否建築路線

（5）物值工價

一木石磚瓦石灰煤鐵及其他關於工程應用材料之價值
一糧食燃料以及其他日用品之價值
一駝馬牛羊各牲口之價值
一木工鐵工石工以及其他普通工作長期短期之價值

調查之用品

一測量用品如羅盤儀步表氣壓表水準儀水平尺望遠鏡捲尺米達尺比規分度規寒暑表流速計時計測沙器手鎊地鑽紅油等悉備之

一繪圖用品如携帶圖板繪圖器三角規鉛筆橡皮小刀記載簿圖紙圖釘色筆等悉備之

一文書用品如護照圖書日記簿筆墨硯紙算盤信紙信封等悉備之

一旅行用品如帳棚輕便床輕便棹椅雨具服裝水壺食具藥品等悉備之

調查經費

一調查經費暫由本會辦籌撥分别置備費旅行費二類

一置備費如以上測量繪圖文具及旅行各用品均於出發時一次購定

一旅行費如膳宿車馬郵電雜支及夫役僱員軍警保護之工食津貼以及僱用駝馬馬乾草料等費酌以相當數目分别携帶滙寄隨時支付應用

一以上調查用費實支實銷總以節省核實不稍糜費爲主旨

調查河套團職員表

職務	姓名	號	籍貫	略歷
團長	馮際隆	輔之	廬江	吳淞測繪學堂畢業 山東南運湖河疏濬兼管全省水利事宜籌辦處測繪科股長
團員	崔其炳	煥堂	廣饒	山東河海工程測繪學校畢業 山東南運湖河疏濬兼管全省水利事宜籌辦處測繪科員
團員	譚玉璽	瑞符	濰縣	山東河海工程測繪學校畢業 山東南運湖河疏濬兼管全省水利事宜籌辦處測繪科員
團員	郝逢泰	運豐	館陶	山東河海工程測繪學校畢業 山東南運湖河疏濬兼管全省水利事宜籌辦處測繪科員
繙譯員	溫士傑	子俊	歸綏	經商
南海子記載員	趙鳳岐			警察廳書記員
興隆長名譽記載員	趙子傑			水利局書記員

磴口記載員	智炤	磴口小學堂教員
弁目	趙登雲	

調查報告

呈報調查河套情形文

呈爲呈報事竊際隆於五月初奉令調查黄河上游水量並河套屯墾沿革利病妥籌興治等因遵即領同調查員崔其炳譚玉璽郝逢泰等三人置備測繪儀器長途行裝以及調查相需各物件於是月十一日由北京出發乘京綏車首次張家口次日晋見察哈爾都統田商承西行借重事宜十四日由張家口仍搭京綏車至豐鎮自北京至此計程七百八十一里十六日由豐鎮啟行由察西鎮守使署撥派馬隊沿途護送經過漢淸壩而廠汗不浪二十家子至綏遠城計程三百六十里二十日晋見綏遠都統蔡陳明此次奉派應行調查事項並承指導一切旋蒙令知副官處接洽辦理遂歷至所在墾務局測候所測繪所等處接洽探討農墾水利參

考事件二十四日都統發給旅行護照指撥軍警分段護送由綏遠城啟行經過察素齊薩縣城至包頭計程三百六十里即於包頭鎮迤南十五里南海子黃河實行勘測是爲河套勘查實行之起點六月五日由南海子舟行溯黃河歷召灣昭君墳三呼灣西山嘴等處入後套經過城諾爾塔布長勝老郭各渠至義和渠口河路計程五百五十五里又入義和渠至隆興長是爲後套十三日酌定施測業務按照水準斷面流量等事分隊勘測後套各渠形勢並調查墾務渠工經辦已往各成績統計勘查支綫計長六百餘里二十四日仍舟行出義和渠入黃河溯流而上歷勘沙河豐濟剛目纏金等各大渠過五加河出後套入阿拉善境至磴口河路計程五百十五里七月十五日由磴口舟行沿途均由寗夏護軍使馬預派軍警分站護送徑石嘴山入寗夏境歷勘惠農渠稍紅崖子渡口昌潤渠口至同富堡河路計程五百里十七日由同富堡陸行六十

里至甯夏城先後晉見寧夏護軍使馬道尹陳並由渠工提調黃領同勘查西至賀蘭山南至青銅峽周回計程六百四十里歷勘唐來大清漢延惠農各渠及青銅峽河東之秦渠漢渠分別施測地形水準斷面流量等事項並隨時諮詢考查渠工農墾已往各成績八月二十九日護軍使署發給旅行護照並指撥軍隊沿途護送遂由甯夏回勘陸行經平羅城至石嘴山計程一百九十里在石嘴山守駝十日至九月十一日渡河而東入鄂爾多斯草地是爲前套經什拉葛兎而克舌而新召而召蘇而烏蘭吉里木而哈他土而杭錦營盤而格達拉格烏蘇而包羅阿斯台而五塊兎路而紅同灣至南海子計程七百里二十八日由南海子舟行順黃河歷勘至河口鎮河路計程三百里是爲河套調查之終點三十日由河口陸行經托城什兒登至綏遠城計程一百七十里由綏遠城東旋至豐鎮十月九日搭京綏車旋京統計此次調查往返路程凡六

千八百四十二里歷時五閱月計週勘河套之路綫實爲四千十五里凡所經過地方於地形之狀况河渠之方向湖泊之範圍山脈之起伏村落之位置以及荒地墾地森林鑛產之形勢均經繪具平面略圖表示概略其河渠之廣狹深淺地平岸高之度數均以截面圖表示之河渠之流量水位之漲落以曲線圖表示之並於南海子磴口附近之黃河及義和渠設置量水標尺隆興長設置雨量測記僱員記載以驗其常度備爲水量之統計至於墾地之所在面積耕種之手續收穫之多寡渠工之利弊以及荒地面積土壤氣候物產商務交通等事項分門別類隨時與各調查員悉心採訪詳細記載切實研究因知河套農墾之需水量實與黃河下游治河之計畫有密切之關係所有勘查所得各種圖表成績分別事類現正趕日編輯除俟繕繪完竣另作詳細報告外謹就河套農墾之沿革及其現狀與夫農墾必要整理之計畫工款之概算以及

因應維持之方法各大概情形分爲五端繕具節略附圖呈請
鑒核備案准予銷差實爲公便謹呈
督辦運河工程事宜潘

調查河套團團長馮際隆謹呈

計附呈調查河套團實經路線圖一幅清册一件河套附圖四幅

謹將河套調查大概情形列爲五端繕具清册恭呈
鑒核

計開

（甲）沿革及現狀

一沿革　河套本禹貢雍州之域春秋時玁狁所居戰國時屬趙史記趙武靈王二十六年復攻中山攘地北至燕代西至雲中九原二十七年西北略地從

雲中九原直南襲秦後趙衰匈奴强入居河南秦始皇三十二年使將軍蒙恬將三十萬衆略取河南地以爲三十四縣徙民實之號曰新秦是爲河套墾植之始越四年始皇崩劉項起兵天下大亂匈奴復奪其地漢初値冒頓鴟張屢爲邊患至武帝尙武功用衛霍等再逐匈奴收河南之地立朔方郡築朔方城於朔方西河等處皆引河溉田各數萬頃後因之至東漢順帝永建初羌亂西河上郡朔方皆殘破四年虞詡上疏謂三郡沃野千里水草豐美土宜產牧請復城邑事耕屯於是激河濬渠爲屯田省內郡費以億計魏晉以後中原多故其地淪爲異域及拓拔魏興盛樂兼有河西薄骨律鎭將刁雍上表請開富平西艾山舊渠通河水於是溉公私田四萬頃官民均獲其利迨隋唐遞興聲教遠訖築城置縣儼同內地隋開皇時置豐勝二州於河南唐張仁愿築三受降城於河北開元中移安北都護府於中受降城置屯田元和六年韓重華復謀

整頓募人屯墾東起振武西至雲中北連中受降城出入河山六百里屯墾衛接歲省度支錢千三百萬唐末拓拔思恭鎮此後世有其地歷五代及宋金始爲元所滅後入蒙古明初李文忠定大同西略豐州城勝州以統全套使軍士耕牧其中後移治延綏至天順六年元裔毛古里孩等乘虛入而踞之沿及有清遂爲伊克昭一部七旗合以烏拉特土默特阿拉善各旗之邊境及寗夏三屬之地總名之曰河套歷代沿革之大略如此

一地區　河套之地由地理上言之約可分爲四部其在北者曰後套南界黄河北盡狼山東起烏拉山西至阿拉善東部東西長約四百里南北廣約百里其面積約四萬方里杭錦達拉特二旗北境及烏拉特西公旗南境游牧之處屬綏遠區域之五原縣（縣治在隆興長）後套之南曰前套即鄂爾多斯南起長城東西北三面距河面積約二十九萬方里伊克昭盟一部七旗及烏拉特

中東兩公旗西南境游牧之處屬綏遠區域之五原東勝薩拉齊托克托清水河各縣（設東勝縣治於套內之羊場壕）其邊境亦有屬河曲榆林府谷横山靖邊平羅等縣者蓋當東勝五原未經設治之先人民訴訟之事乃投就近官廳審理故地亦附之前套之北後套之東曰三呼灣亦曰中灘南界黃河北界烏拉山西起西山嘴東至全巴圖東西長一百二十里南北廣由十里至二十里不等面積約一千八百方里烏拉特三公旗公共游牧之處屬五原縣前套之西曰寧夏東界黃河西繞賀蘭山南起青銅峽北至石嘴山南北長三百里東西廣由三四十里至一百餘里不等面積約二萬方里屬甘肅省之寧夏寧朔平羅三縣合計全套面積約三十六萬方里

一河道　河套黃河自青銅峽（水經注上河峽）始河水出峽左岸釃爲唐來渠右岸釃爲秦渠漢渠河水又北枝分東出在東曰東河在西曰西河西河又釃爲大清

漢延惠農各渠又北至葉升堡兩河復合又北右岸山水河來注之又北右岸過橫城堡出長城此處黄河西去寗夏縣治三十五里又北左岸釃爲昌潤渠其右岸爲溜山子又北左岸經昌潤渠舊口達旁渠口至六中堡此處黄河西去平羅縣治二十里又東左岸經河溝西渠至河溝官渠又東北右岸過紅崖子水經注石崖山苦水河來入之又西北左岸惠農渠之溉地餘水來注之又北至石嘴山

按由青銅峽至石嘴山河長凡五百里寬自四分里之三至五里深自五尺至二丈河水宣節以青銅峽石嘴山爲兩大關鍵故寗夏之水利乃天然形勢也

河水過石嘴山入石峽北歷螞蝗溝等處十四險要至牛家溝出石峽又北右岸過金山百餘里間號稱石河又北至磴口即古白塔

按由石嘴山至磴口河長凡二百四十里寬自三分里之一至三分里之二深三尺至一丈七八尺金山以上傾斜峻急水流如奔以下水勢較緩

河水過磴口又東北左岸經三聖堂有小渠五道教士所開又東北左岸烏拉河出焉（烏拉河即黃河故道一曰北河今大河即南河也水經注河水又北南河出焉又北迤西溢於窳渾縣故城東即今烏拉河）其右岸克克木堵又北左岸楊家河黃圖拉亥河藍鎖爾渠纏金渠十大股渠魏羊渠其右岸紅水騊又東北左岸强家渠土默渠剛目渠協成渠皂火渠至黃家渠河分二派北派已將就淤又東烏家渠阿善渠沙河渠皆從北派決出又東與南派合又東北左岸土城子此處黃河北去五原縣治七十里過義和渠又東南左岸歷老郭渠長勝渠塔布渠過同興堂其右岸城諾爾又東南左岸洋人渠達拉渠過西山嘴三呼河出焉

按磴口至西山嘴河長凡六百五十五里寬自四分里之三至七八里深自

三尺至一丈五六尺由惠德成以下百餘里河流枝分如織河無定形俗曰坡河行舟時虞擱淺西山嘴當古大河分而復合之處亦後套三呼灣二區水量宣節之關鍵

河水過三呼河又東右岸有小渠一長約三十里又東右岸譚盖卯包羅阿斯台川及喀喇坤兌河坎泰河均從右岸來入之又東有淤河俗曰大河相傳爲黃河故道因黃河北徙此派遂淤廢焉又東左岸與三呼河合又東坤都倫河來注之又東過南海子此處黃河北去包頭（即包爾朱罕城）城十五里南去達拉特營盤（即王府土人曰營盤）四十里又東南右岸虎斯台河來注之又東南左岸河口鎮（即大黑河口古君子津）大黑河來注之此處黃河北去托克托縣治五里

按自西山嘴至河口鎮河長凡六百五十五里寬三分里之二至二里深五尺至一丈五尺

河水自河口鎮屈向南流入山峽右岸有小水來注之又南左岸紅水河與清水河（即古中陵樹頹二水）會流來入之又南入長城至河曲縣治西是爲黃河出套之處河長約二百三五十里計自青銅峽起至河曲止黃河共長二千二百八十五里（參觀第二附圖）

一墾務　河套墾地分二類其由河水浸灌而後種之者曰渠地收穫極豐水不到地則荒蕪如寗夏後套三呼灣等處是也其不需水溉亦可耕種者曰旱地收穫較少如前套之地是也後套地居南北兩河間自河勢南趨北流斷絕其地遂以淤泥而成質軟而具城性得水浸灌則土膏腴美融化滋長畝皆數鍾失水則堅成石田此套地墾務所以重渠工也地勢近河較高去河愈遠而地亦漸低以故決渠引水水勢下行自入地中無煩水車桔槔之勞自得天然之形勢從前墾務由地商私向蒙人租種地畝無統計之數至光緒二十九年

貽穀奉命督辦蒙旗墾務各旗一律報墾於是地商之地亦呈請官廳丈量計自三十年以後後套各旗開放墾地略如次表

達拉特旗	永租地	二千頃
又	四成補地	一千四百二十頃
又	報効五原城基地	五百四十頃
杭錦旗	放墾地	四千零十八頃
烏拉特西公旗	放墾地	一千七百三十一頃

以上共計已墾之地爲九千七百九頃在後套全區實居少數旋以渠道淤塞水不敷用逐漸荒蕪及民國五年澆地僅五千頃六年減至四千頃七年又減至三千五百頃後套墾務之敗壞概可見矣

墾務局局長王濟若接辦以來頗思整頓從老郭渠入手勸令紳商集資修濬

據云本年可多種千頃次及長勝塔布二渠亦擬修洗惟能否籌得底款尚無把握卽使幸成事實然就全區論之亦僅小補蓋後套可耕之地實有五萬頃之多曩以二千里之渠不能溉萬頃之地可知推廣後套墾務斷非修洗原有渠道所能成功必須統籌全局作根本計畫精施測量改良渠道方爲有濟否則因陋就簡沾沾於升斗之利則可若就全局論之未敢言治此後套墾務之大概情形也

前套之地多沙梁山嶺沿河雖有淤地荒熟錯綜皆係小片段約略計之或數頃或數十頃惟昭君墳以下至托城河西地勢較爲平曠又其西土山皆宜耕種原質爲沙泥兩和之土不須水溉皆可耕種但收穫較少耳

該處墾務起於康熙季年山陝北部貧民展轉外徙由土默特日漸西遷初亦私向蒙旗租種至貽穀辦墾始由官丈放計已墾之地略如次表

旗名		頃數
郡王旗	放墾地	一萬一千五百四十六頃
札薩克旗	放墾地	二千一百八十三頃
準噶爾旗	放墾地	一千五百八十八頃
鄂托克旗	放墾地	二百零二頃
烏審旗	放墾地	一千九百八十頃
烏拉特西公旗	放墾地	四百八十二頃在後套者已詳後套
中公旗	放墾地	九百三十八頃有一部分在河北
東公旗	放墾地	一千零七十三頃有六百三頃在河北坤都倫河附近

右共墾地一萬九千九百九十二頃除在黃河北岸者約有九百餘頃是前套一區實有墾地一萬九千頃皆係旱地聞此外已墾未報者甚多調查短期難以盡悉即如達拉特旗報墾之地一在後套一在包頭附近而前套並無報墾

之地其實墾種已多據土人云該旗每年歲租收入十萬餘元計其私墾之地當在數千百頃一旗如此他旗可知是則整理前套墾務須從清丈入手已墾而未報者應即繳價升科可墾而未墾者亦應招民承種在政府可增賦稅在蒙旗可增歲租誠兩利也不第此也荒地墾闢人烟漸稠氣候亦可因而轉移現近包頭河西一帶村墟錯落樹木森森富庶氣象畧同內地已往成績即此可見此前套墾務大概情形也

三呼灣土質肥腴可耕之地約七千餘頃貽穀任內即有開放之議旋以案發未果民國二年張將軍行文該旗飭令報墾因三呼灣爲烏拉特三公旗公共之地彼此意見不同延至民國三年東公旗始將該地報墾三分之一而西公旗則力爲梗阻迭經綏遠都統派員交涉始於該區東偏報墾二千四百三十頃現已設局丈放此三呼灣之大概情形也

寗夏地層土質與後套同地勢南高北下黄河出青銅峽逕向北流以故決渠引水得天然之形勢自漢光祿勳徐自爲開光祿渠引水漑田民穫其利歷唐宋元明代有經營至清雍乾之季又開察漢托護當時實墾地額畧如次表

寗夏府　廠　地　八百三十頃
寗夏縣　屯　地　七千二百二十八頃
　　　　廠　地　五百零三頃
寗朔縣　屯　地　四千一百五十一頃
　　　　更名地　二百三十六頃
平羅縣　屯　地　八千四百五十八頃
　　　　廠　地　三百二十七頃

右計原額墾地二萬一千七百三十三頃除歷經荒蕪核減不計外現墾者略

如次表

縣	類	頃數
甯夏縣	屯　地	一千七百二十一頃
	廠　地	二百六十七頃
甯朔縣	屯　地	一千六百五十頃
	更名地	一百二十四頃
平羅縣	屯　地	二千五百六十六頃
	廠　地	二百零六頃

右計現墾地六千五百三十四頃荒蕪者爲一萬五千一百九十九頃蓋由渠身淤墊不事疏通水不到地無如之何此甯夏墾務之大概情形也

一渠工　河套地盡高原雨水稀少除前套一區旱田外餘皆需水方能種植以故開墾套地必先事開渠

後套渠工始於清季咸豐初年先是乾隆朝漢族之捕魚者足跡至此得地於近河處用桔槔取水澆灌試行種植至道光三十年河溢北岸決成一河曰塔布河河水自行地中水過之處皆成腴壤所在漁人逐漸墾植於是來套種地者仿行開渠先後成大幹渠九道後淤一道小幹渠二十餘道及貽穀辦墾各渠始一律歸公茲將各渠之長度及灌漑所至之面積表之如左

渠名	長度	漑地
永濟渠 即纏金	長一百六十里	漑地七百七十一頃
剛目渠	七十里	二百五十五頃
豐濟渠 即中和	九十里	三百十五頃
沙河渠 即永和	八十五里半	二百七十頃
義和渠	八十三里	八十二頃
通濟渠 即老郭	一百二里半	四十五頃

長勝渠 即長濟	一百九里	二百十二頃
塔布渠	九十七里半	五十頃

以上八大幹渠均溉達旗永租地而義和渠又溉烏旗糧地一千七百三十一頃通濟長勝塔布三渠又溉四成補地一千四百二十頃其他小幹渠溉杭旗糧地四千十八頃渠名甚紛不及備列

八大幹渠今祇纏金納流通暢義和次之長勝塔布老郭等渠均已淤斷不能行水其他較小幹渠亦淤廢過半今春墾務局將老郭渠修洗一通

後套渠工始於民修初無統籌全局計畫又無水利工程專家爲之支配調理以致所開渠道錯綜交雜此界彼疆作輟無定初由地戶自辦尚能歲加修洗不致壅塞及歸官辦徒事鋪張而於應行修辦各渠工一任自然毫無計畫如五加河爲各渠退水之所今下游湮斷積水沈淤全部渠道遂受其影響

三呼河由西山嘴納黃河之流形勢極順惜其地開墾最晚渠工亦少現時僅有小渠三道曰墾務曰史家曰西公合哨共長祗有百里

寗夏渠工倡於秦而盛於漢唐至清康乾之季幾經規畫續開三渠合爲五大幹渠全長九百八十餘里枝渠八十餘道今將大幹渠之長度及今昔灌溉所至之面積表之於左

渠名	長	昔溉地	今溉地
唐來渠	長三百二十里	昔溉地四千七百八十九頃	今溉地一千八百餘頃
漢延渠	一百九十五里	三千七百九十七頃	一千四百餘頃
大清渠	七十五里	一千一百十三頃	二百餘頃
惠農渠	二百六十里	四千五百二十九頃	一千六百餘頃
昌潤渠	一百三十六里	一千六百九十七頃	二百餘頃
其他		五千七百零八頃	一千三百餘頃

舊有渠道設備極稱完善想見古人籌畫頗費心思除於五大幹渠要害處建設閘壩宣節外又輔以飛槽暗洞種種調濟之法故區內地畝無高下皆可灌溉耕種又慮其經久淤塞訂立歲修章程謀畫實爲盡美惜相沿既久百弊叢生今雖大汛期內各渠亦往往乾涸兹據原設之水標推測渠底淤墊約在五尺上下墾地之日就荒蕪職此故矣

五大渠以唐來形勢爲最順蓋河水出青銅峽唐渠承接幾占全寬五分之二足溉寧夏全區之地現因渠身淤墊受病太深失其消納之效以致納入之水旋由各閘壩洩入黄河到地者甚少今寧夏道尹陳儗於青銅峽建設鐵閘逼水洩入唐渠轉注於大清漢延惠農各渠而閉塞各該渠口俾唐渠爲一總口俾其水面抬高而流勢通暢是亦整理之善策果能實行定收美滿之結果

一氣候　河套夏令熱度不甚高冬季嚴寒地下冰厚三尺霜期甚早大抵在

秋分以後自霜降至來年清明間爲冰雪期故農植物布種皆在清明以後農產祇獲一季近年以來氣候略有轉移以甯夏包頭二處與後套比則以後套霜雪爲早以後套與前套比則以前套霜雪爲早緣人烟疎密與氣候具有關係在前套不僅冬季嚴寒即夏季炎熱亦往往過於內地因其區內沙梁綿亘水澤絕稀午暖夜寒驗以華氏表常相差至五六十度甚至夏夜或降冰點他如大青山賀蘭山背陰高處終年積雪雨水尤爲稀少冬春時每有狂風果樹多華而不實茲覓得綏遠觀測所記載近年溫度及降水量列表於次以備參考

民國五年	春	夏	秋	冬
平均溫度	負〇、二六	一九、二一	一五、五八	負六、八九
降水量	一八	一〇八	三八七	五〇

民國六年

平均溫度	一、〇六	一九、九五	一六、一九	負八、四四
降水量	二二	一七〇	七二	〇〇

民國七年

平均溫度	一、五〇	一九、七〇	一五、四一	負一一、九五
降水量	二七	一二九	一七六	〇〇

右表溫度按攝氏度爲本位降水量以公釐爲本位

一物產　物產分農產畜產工產及林鑛藥材鹽堿之類略具於後

農產以後套寗夏糜穀爲大宗豆麥胡蔴馬鈴薯等次之米爲寗夏之特產每歲輸入口內不可勝計山陝北部視爲饑飽焉

畜產以前套羊畜爲大宗牛馬駝次之蒙人以畜牧爲生視牲畜如第二生命

以故蒙人習慣相見禮首以牲畜安否爲問人類戚黨之起居轉次之食其肉飲其乳其皮毛除服用外則儲爲交易米布之需以羡補不足有古風焉

工產以甯夏包頭爲最然除氈毯及製熟羊皮之外亦不多見灘羊皮之製作乃寧夏之特色

林產向以烏拉山賀蘭山等處爲多現已焚伐殆盡今祇托城附近有幼稚樹林數處甯夏村墟間亦尚不少大抵皆楊柳之屬黃河舟楫皆取材於此後套除隆興長大佘太下把子補隆及各教堂地有榆柳各樹外餘皆一望遼闊雖村落間亦無一樹之蔭至於前套更無樹木之可言惟自克克木堵以下河岸附近產有紅柳枝條叢生土人用以編製羊圈及筐簍之屬或取爲柴薪焉

鑛產以板申齊之石綿斗臨清之無烟炭牛具溝之煤賀蘭山之鉛鄂托克之銀石嘴山之炭之鐵均甚着稱有未開採者有已採因運輸不便復行停頓者

如石嘴山所出之炭十担千錢無人過問未能推廣利用即其例也藥材以甘草爲最多山豆根蓯蓉黄柏等次之甘草產額歲各四五百船船各二萬餘斤

鹽以阿拉善之吉蘭泰爲最花馬池次之其在杭錦者歲出亦甚豐富蜮則鄂托克杭錦等旗皆出銷行於山陝綏甘等境

一商務　河套內外以包頭甯夏二處爲主要市場出口貨以皮毛米穀甘草蜮塊爲大宗就甯夏一區而言每歲運往包頭貨物約在六萬七千担上下入口以布帛雜貨爲大宗船來品亦不少他如河口鎮石嘴山横城堡花馬池等處向爲漢蒙貨物交易之所當包頭市場未發達時出入物品皆集會於河口今僅甘草商莊二十餘家耳

一交通　自京綏鐵路通車以來赴甘肅者皆取道於豐鎮經綏遠而包頭歷

河套寗夏等處以達甘肅省城較之舊驛程捷速多矣豐鎮至包頭計程七百餘里原在京綏路線範圍以内今由豐鎮延至平地泉由平地泉至綏遠與豐鎮至綏遠路程遠近相等以故往來行旅仍以豐鎮爲起止自豐鎮至包頭車行重載十日輕載七日綏遠至包頭今秋已開行汽車然定價太昂不便載物且未與火車銜接殊不適用於中下社會由包頭至寧夏通途有三一沿烏拉山麓繞後套經阿拉善境過石嘴山至寧夏車駝均能通行重載一月輕載二十天沿途有漢人居處食宿尚不困難一由包頭渡河横貫鄂爾多斯草地經石嘴山或紅崖子等處至寧夏中多沙梁山嶺祇駝隊可行重載半月輕載十天途中人烟稀少須攜氈帳爐竈食物以及取水器用即晚就水草處卓帳自炊或寄宿於喇嘛招然究不到處有也一泝黄河而上經西山嘴磴口牛家溝石嘴山等處至横城堡舟行上水約需一月下水七日黄河船約有八百餘隻

以柳木爲之每船載重約二萬斤並有小汽船一曰飛龍專走横城與河口之間以載行客惟一歲中僅夏秋水旺可行及水量淺枯即不能開駛盖黄河自西山嘴以上有百餘里俗曰坡河横溢淺阻枝流歧出不辨河形實爲航行一大障礙又有甘肅軍署小汽船二隻一名探源一名摩斗上可直達蘭州盖以備軍用者也自寧夏至蘭州車駝皆可通行輕載十二天重載半月蘭州下行貨物當黄河汎漲時土人以革囊裝貨於内連合成筏運往行銷售貨後即將革囊拆裝以駝載而歸極爲輕便寧夏五原下行貨物亦有用此者黄河冰期約五閲月其淺阻時又約四閲月計一歲之中舟楫暢行時至多不過三閲月此交通之大略情形也

（乙）農墾之必要

一關於國防　套地疆宇寥闊原屬蒙人勢力生活範圍自貽穀奉命辦墾漢

族日以西漸開渠墾地設治置官漸受政府之支配而人烟寥落邊塞空虛近年以來外蒙生心强鄰窺伺西北一隅大有岌岌不安之勢若屯田實邊之計畫實行於今日內以闢人民之生機即外以杜鄰邦之覬覦一旦邊疆有事不難提綱振領固我邊防此河套農墾之關於國防所宜整理者也

一關於民生　中國內地各行省人稠地密給養爲難平均計之一人不得一畝之養况積俗相沿富者愈富貧者愈貧窮困流離相望於道近數年來水旱兵燹瘡痍滿目米珠薪桂貧民更艱於謀生雖政府振興實業多開工廠以爲收羅貧民之計而粮穀缺乏終非善策今整理河套可增新墾良田六萬餘頃以二夫種一頃計每夫約以家室五人合之能容六十萬人每畝歲收約五塞斗則每年可得三百萬石之收穫（塞斗一斗約合內地三斗）平均可養二百萬人况套地以水溉種常年無水旱之憂收穫之豐如操左劵此又關於民生

所宜整理者也

一關於治河　黄河長江皆爲中國大川流域所至人事宜因之而繁盛乃長江東下不聞災害而黄河則幾經改道禍害相尋究其原因則以長江來源淤沙較少沿線又有洞庭諸湖爲之宣蓄以故水性平穩無漲溢潰决之虞黄河自天橋而下行經山陜既過芒山頭莽莽平原惟藉堤岸以束其勢盛漲暴至則縱横冲决百丈洶濤沙泥並下蓋有防不勝防者矣若整理河套闢田六萬餘頃合之已墾田畝約爲八萬頃每月以溉地一輪入土一尺計之每秒須水量一萬八千五百餘立方尺加以水流時滲漏蒸發每秒須合水量二萬二千立方尺上游之水勢既分下游之水患自減此又關於下游河工所宜整理者也

一關於交通　套地平沃農民易於謀生而内地人民甘於坐困不聞踴躍以

赴之者交通之不便阻之也查交通程度視實業之衰旺爲前提使以有用之鐵路築於人烟寥落之區徒糜修築之費而不獲其利雖至愚者不肯爲今若整理河套盡成沃田人民之來歸者必衆物產亦逐漸增多商賈輻輳行旅絡繹然後延長京綏鐵路經過包頭五原以至於寧夏是則實業交通兩有裨益其進行之勢當有難於自已者此又關於交通所宜整理者也

一關於商務　套地物產頗多如牲畜皮毛鹽堿煤炭糧食藥材等歲產何啻數萬向由洋商賤價收售輸入口岸利市數倍內地商人未履其地徒抱遠利難營之見不肯輕於嘗試遂爲洋商所壟斷整理以後商民麕集再由公家設廠提倡製造因勢利導日起有功此等利權不難收爲我有此又關於商務所宜整理者也

一關於賦稅　中國近年以來財政困難已達極點內地人民久苦於負担之

重而軍政經費猶時時告艱然而賦稅早已無可增加矣及今整理河套則新闢之地稅暨糧食輸出之釐稅以及其他出入之貨物稅按例起征計最少之數歲可增收三百萬元民力既蘇國課亦裕此又關於賦稅所宜整理者也

（丙）整理之計畫

一整理後套之計畫（參照第一附圖）後套可墾之地約有五萬頃現有大小幹渠溉地僅及九千七百餘頃未及全數五分之一加以渠道日淤荒蕪過半計今可得種植者不及五千頃若復因陋就簡祇就目前渠道修洗或再酌開支渠以事擴充度亦不過增溉數千頃而止斷不能普及全部五萬頃之數此非通盤籌算作根本之計畫不足以爲治者也

後套地勢西高東下隨黃河水面以傾斜舊有渠道略成南北之狀渠口各自承河而河溜遷徙無常通塞靡定故渠道受淤之病實由於此今擬將各渠酌

加去留移改渠口於地勢河流適宜之處使渠之傾斜較河略緩則自渠口數十里以下之水面皆超過地平以上則溉田之水猶峻坂之走丸其勢乃順計後套可耕之地五萬頃合三百萬萬平方尺每月以溉地一輪入土一尺計之則每晝夜需水十萬萬立方尺即每秒時需水一萬一千五百七十四立方尺再酌加蒸發消耗十分之二則此項渠口納水每秒約須有一萬四千立方尺渠道之高下傾斜尚待精測以公式定之茲就試驗各渠流速每秒約二尺二寸假定爲新渠流速則所開新渠過水截面積須有六千三百十三平方尺始能適用渠道原爲溉地計非爲退水計故不宜過深致不便入地也茲以動水平均深五尺計之則渠寬約須一千二百六十三尺以動水之深與渠深比尚須加浚渠深今暫從略

準上所述則渠寬而淺水流散漫非惟溜滯易淤且不合於灌溉之用今擬分

爲三大幹渠第一渠自烏拉河口開口入中格爾渠經善壩由黃圖拉亥河至福興元入五加河計長一百八十里第二渠自纏金渠口入纏金渠至永盛和東折截剛目協成各渠入灶火渠過同興德由義和渠經隆興長至東壩頭入五加河計長二百三十里第三渠自黃渠口開口與黃河並行經古城入長勝渠至依肯補隆入五加河計長約一百七十里三渠共長五百八十里即一百零四萬四千尺平均各寬四百二十一尺

開渠工程須俟精測後方能核實茲僅就地勢約略估計之渠道利行地上須挑者十之三四須培者十之六七地面高下間有不同然以所挑抵所培尙無甚出入第計其所應挑則應培之工程卽在其中查三渠各須平均寬四百二十一尺平均深五尺各渠橫截面須有二千一百零五平方尺幹渠之橫截面大小與支渠多寡成正比例故渠身宜逐漸減小庶流速無太過不及之病始

足保持渠道之常度故渠稍之寬深宜極小然又須留以宣洩有餘之水今定渠稍之橫截面爲渠口三分之一以是定各渠平均橫截面爲一千四百零三平方尺三渠須土工十四萬六千四百七十三萬二千立方尺

各渠餘水既退入五加河而五加河尾現已湮斷積水沈淤必影響及於全部渠道今擬從五加河尾湮斷處開一退水渠沿烏梁素海子西至西山嘴入黃河計長約四十里其橫截面命等於三幹渠渠稍之橫截面即二千一百零五平方尺計須挑土一萬五千一百五十六萬立方尺

三幹渠兩岸每十里開一支渠計一百十六道其橫截面命等三幹渠口之橫截面即六千三百十三平方尺長各以三十里計之挑土三萬四千零九十萬二千立方尺

以上三項計土十九萬萬五千七百十九萬四千立方尺除原有幹支各渠取

用空方外實計約爲十六萬萬立方尺中國舊例以方一丈厚一尺爲一方計須挑土一千六百萬方每方工價平均以三角計之須銀四百八十萬元各幹渠渠口須各建迎水壩一道每道酌以工料費五十萬元三道共需一百五十萬元　正閘各一座每座酌以工料費三十萬元三座共需九十萬元正閘上游擬建減水閘各三座每座連減河約以工料費五萬元九座共需四十五萬元　尾閘各一座每座工料費約十萬元三座共需三十萬元　各支渠與幹渠相接處建設陡口一百十六座每座工料費約五千元共五十八萬元　渠口地面每高於黃河水平面各渠上游之地即不能行使本渠之水須支引上一渠之水而於本渠架飛槽渡之以資澆灌渠道既利高於地平面則區內低下之處水流方向必爲渠道所阻積成水澤又須築以暗洞以洩之如此則區內之地無高下均可澆灌此項飛槽暗洞工料費約須二十五萬元又

須建築橋梁以便來往工料費約須十二萬元共計需銀四百十萬元加工程預備費十分之一合爲四百五十一萬元工程之完善必須從測量著手方爲精密此項測量經費酌計以二十一萬元總共整理後套須銀一千萬元

一整理三呼灣之計畫　（參照第三附圖）三呼河本係黄河支津近年水勢不甚暢旺然施以整理即以三呼河爲該處之總渠口用溉三呼灣之墾地尚屬裕如三呼灣可墾之地約有七千頃合四十二萬萬平方尺每月溉地以一輪入土一尺計之則每晝夜需水一萬四千萬立方尺每秒時爲一千六百二十立方尺加以蒸發滲漏十分之二則渠口納水之量須一千九百四十四立方尺嘗試驗三呼河每秒流速二尺四寸即以假定爲新渠之流速則新渠過水截面須有八百十平方尺動水平均深以五尺計之則渠寬約須一百六十二尺

三呼河既定爲總渠則其他支渠皆可承接三呼河之水但須將渠口改移俾與三呼河斜交乃爲適宜今酌定爲六支渠長各五十里六渠共長三百里寬各二十七尺平均深五尺（按之地形尙宜減其深而加其寬暫從略）計橫截面爲一百三十五平方尺全渠開土須七千二百九十萬立方尺即七十二萬九千方每方工價以三角計須銀二十一萬八千七百元加工程預備費十分之一合爲二十四萬零五百七十元

三呼河口亦須建設迎水壩一道約工料費二十五萬元　正閘一座約需十五萬元　減閘二座連開減河約需十萬元　尾閘一座（西公合哨渠附近）約需十萬元　陡口六座每座約需一萬元共六萬元以上六十六萬元加工程預備費十分之一合爲七十二萬六千元

據以上所述須銀九十六萬六千五百七十元再加測量經費三萬餘元總共

整理三呼灣約需銀一百萬元

一整理寧夏之計畫（參照第四附圖）寧夏渠道之病在於渠身淤淺容量有限上游陡口一開則一洩無餘水小之年終歲不能到稍是宜大加修濬以復舊規查該區原額地爲二萬一千七百餘頃合一百三十萬零二千萬平方尺每月以漑地一輪入土一尺計每晝夜當需水量四萬三千四百萬立方尺卽每秒時五千零二十三立方尺加蒸發滲漏十之二則每秒時納水總量需六千零二十八立方尺考驗各渠中段流速每秒酌中之數約爲二尺四寸但定以推各渠過水截面之和數須有二千五百十一平方尺該處渠道現存者約五分之三淤者約五分之二然存者淺（即渠底高之謂）而寬非至大汎不能行水故全區漑地不過四分之一今擬就渠槽浚深至準底石爲止則該橫截面之掘鑿平均須一千平方尺長以三百里計之須開土五萬四千萬立方尺卽五百

四十萬方每方工價以三角計須銀一百六十二萬元原有支渠陡口亦須規復改良約需三十八萬元

渠口惟唐渠直衝峽口餘皆河溜散漫水面稍降渠中即無涓滴議者擬於靑銅峽建一鐵閘將各渠總歸一口水大則啓閘使之順流而下水小則閉閘以逼水使之入渠洵爲扼要之計然其水流湍急河底皆碎石基礎工頗費力但河面寬只一百十餘丈冬春水落時河之最深處不過一丈擬仿灤口鐵橋辦法以鐵胎混凝土爲樁疊石爲垜上架鐵橋鐵欄下施鐵閘板用螺旋以升降之約計工料費需銀二百萬元

準此計畫定唐渠爲總渠則唐渠正閘過水量每秒時須有六千零二十八立方尺査唐渠現有過水截面四百九十五平方尺流速每秒五尺四寸流量爲二千六百七十三立方尺尙須展闊過水截面六百十九平方尺則過水量方

足以溉全區之地今擬與正閘平行開掘一渠建五空閘一座並將渠口酌加開展工料費約需三十萬元

又唐渠口既定爲總渠口則其他各渠口即須閉塞而於唐渠正閘下游須別開渠溝通大清漢延惠農各渠此渠長約五十里流量須得全部四分之三即每秒四千五百二十一立方尺命其流速與上相同則該渠過水截面須八百三十一平方尺深以八尺計則平均寬須一百零四尺計掘土七千五百二十五萬立方尺又於淸水堡惠農渠開口通昌潤渠其長約八里流量得全部十分之一即每秒六百零三立方尺流速命與中段試驗之數相同即二尺四寸則該渠過水截面有二百五十一平方尺深以五尺計則寬須五十尺零計掘土三百六十一萬四千四百立方尺兩共掘土七千八百八十六萬四千四百立方尺即七十八萬八千六百四十四方每方工價以三角計需銀二十三萬

六千餘元再閉塞大清漢延惠農昌潤各渠口約計工料費需二萬元據以上所述須銀四百五十五萬六千餘元再加工程預備費暨測量經費是整理寧夏之計畫共需銀五百萬元

以上三區整理計畫總共需銀一千六百萬元

至於前套地面遼闊可種之地大半成熟其間官有民有難以明悉惟既屬於墾務範圍應俟將來墾務機關酌察情形隨時辦理茲不及詳

（丁）成後之利益

一荒價之收入　三區整理後共計成田七萬八千七百三十三頃除已經升科不計外餘六萬二千零六十頃應一律繳價給領此項繳價須準以上工程經費並酌察就地情形以規定之茲分別計算於後

寧夏原額地二萬一千七百三十三頃現墾六千五百三十四頃計整理規復

地一萬五千一百九十九頃按工程經費每頃平均須三百九十四元七角零查該處地價最上者每頃約三千元最下者每頃約二百元今以九等中之第八估計收價每頃四百五十元共收荒價六百八十三萬九千五百五十元

後套整理後成地五萬頃現墾九千七百零九頃内有二千頃爲永租地故除業經升科之地外有四萬二千二百九十一頃工程經費每頃須二百三十六元四角零查該處貽穀放墾時地價每頃自八十兩至一百二十兩不等蓋以邊地荒凉人跡稀少不能不減價以招徠今者内地田價無不增高數倍似不得以爲定例然又不得不略示核減以爲獎勸墾闢邊荒之意今擬取最近三呼灣放墾之例酌以最低之價定爲每頃二百五十元除擬劃撥二萬頃爲兵墾不計荒價外餘二萬二千二百九十一頃當收荒價五百五十七萬二千七百五十元

三呼灣整理後成地七千頃除已放二千四百三十頃外餘地四千五百七十頃按工程經費每頃爲二百十八元八角零查該處現今墾放之地每頃上則三百元中則二百七十元下則二百四十元又每頃渠費三十兩今擬以中下兩則酌中計之定爲每頃三百元不必再收渠費計應收一百三十七萬一千元

以上三區整理後墾闢之地除劃撥兵墾二萬頃不計外實收荒價一千三百七十八萬三千三百元

一租稅收入　此項收入應以地價爲標準並酌察地方情形以爲現定茲併計算於後

寧夏地價每頃定爲四百五十元按二分徵稅每頃歲收九十元查該處現有屯地更名地馬廠地計六千五百三十三頃除豁免五百三十一頃不計外餘

六千零零二頃收地丁銀三千四百二十八兩粮四萬七千一百七十一石草十一萬八千三百七十九束厰地租二千一百三十四兩按以銀每兩合一元五角粮每石（每石合內地三石）折銀十元草每束折銀一角計之爲四十九萬一千六百九十二元平均每頃歲納正稅八十一元六角零尚有例外規費合計種地一畝須費一元以上今擬從少數徵收每頃歲稅以六十元渠費以十元計應收地稅九十一萬一千九百四十元渠費十五萬一千九百九十元

後套地價每頃二百五十元按二分徵收每頃每歲五十元查該地原有升科地每頃征稅二兩二錢至一兩零水租四兩五錢又附加稅及例外規費種種名目不及枚舉據土人報告凡種地一頃須銀四十兩以上今擬將附加稅及各項規費一律廢除每頃定地稅二十元渠費十元共計三十元較之寧夏尚不及半數應收地稅八十四萬五千八百二十元渠費四十二萬二千九百十

元

三呼灣準以後套之例徵收計正稅九萬一千四百元渠費四萬五千七百元

後套之地既劃二萬頃爲兵墾不收荒價以示待遇軍人優異之處然此項地畝除征收正稅渠稅之外應酌收歲租每頃以六十元以征收五年爲度五年以後與民地同一性質計收歲租每年一百二十萬元五年共六百萬元

又整理後受益之地在寧夏六千五百三十四頃在後套七千七百零九頃在三呼灣二千四百三十頃共計一萬六千六百七十三頃此等地畝一律准用改良渠道之水地戶永免自修渠道之費每頃應按新章歲納渠費十元卽與新墾之地同享利益計應收渠費十六萬六千七百三十元

以上歲收地稅一百八十四萬九千一百六十元渠費七十八萬七千三百三十元五年租稅六百萬元

一釐稅收入　新闢之地歲穫粮產三百萬石除本地需食不計外每年輸出約二百萬石每石合內地三石計以最少數之價亦須十元按値百抽五計之可稅一百萬元加以套地既墾人民之來歸者日衆出入之貨物亦必日增此項貨物約增收稅釐四十萬元合爲釐稅一百四十萬元

一蒙旗地租之支出　後套三呼灣兩處之地均屬於蒙旂從前放墾章程各旂不一有於荒價內先提二成渠費其餘與蒙旂共分之者歲租亦然如杭旂是有於荒價內先提三成其餘與蒙旂共分而歲租則全歸蒙旂公家但附加徵收二成經費者如烏旂是有永租不放地由民種於歲租提取二成餘與蒙旂共分之而地仍爲蒙旂所有者如達旂是辦法不一總之從前給與蒙旂荒價平均每頃不過由四兩至四十兩給與歲租不過由四錢至二兩而止即達旂永租地亦不過五兩且有短少荒價而歲租亦不按時付給者故蒙旂不欲

歸官經理而樂於地商私租查地商租地每頃不過千文至數千文蓋以租價雖少而及時猶可取現也茲就經過之地歷察蒙情徵諸輿論似宜根據優待蒙旂條件特別規定按所屬土地之多寡定歲給之幾何核實計算分期支付至於放墾徵租如何辦法蒙人毋庸過問如此在蒙旂既獲優待之利益在國家亦可以專注於農墾釐定國稅切實履行誠爲兩利之道今擬採達旂永租地及地商私租地租例折中辦法假定每頃給優待費五元計之後套三呼灣兩區每歲應劃給蒙旂二十三萬四千三百零五元

一常年渠工費支出　三區每年渠費收入爲七十八萬七千三百三十元酌以三成爲渠工機關費以七成爲渠工工程材料費如有伸縮隨時按地畝增減之而渠工費收入一項可與此項支出抵銷

一歸還基本金支出　全部計劃所需基本金爲一千六百萬元以收入荒價

一千三百七十八萬四千三百元及兵田歲租六百萬元合爲一千九百七十八萬餘元抵充基本金之本息尚無甚出入亦可用以抵銷

一國家稅之增收　據以上所述只需基本金一千六百萬元整理之後所收荒價及兵田歲租渠工經費另有抵充不計外再於地租内除給蒙旂優待費二十三萬四千三百零五元外實計增收地稅一百六十一萬四千八百五十五元釐稅一百四十萬元合計每年增收國稅三百萬元

謹按以上整理計畫如三區同時舉辦共需基本金一千六百萬元其工程進行自屬整齊畫一第以當今財政緩急計之深恐統籌並進非力所及似不如分區辦理較爲易舉茲擬以後套爲第一區寧夏三呼灣次之俟後套工竣後即以所收之荒價移辦寧夏三呼灣循序漸進事功易集得寸進尺莫非利賴不過稍假時日則所需基本金但能籌得一千萬元

而事舉矣謹此附陳

（戊）維持之方法

一宜設重大機關以專責任也　查從前墾務專管機關在後套有西盟水利總局在寧夏有水利同知此項機關雖無水利工程之學識而事權專一責無旁貸是亦最良制度也自入民國悉行裁撤後套則改設墾務分局其實即一承收機關而已寧夏則改歸道尹兼管應辦渠務以各科員兼任之道署科員大都偏於行政初無水利工程之思想以故渠道日湮墾務日廢即舊有之規模且不能保更何望其擴充乎竊謂宜設墾務渠工專管機關擇一聲望素著關心實業之大員督辦其事振領提綱乃爲有益至後套寧夏地屬兩省距離較遠宜酌設分局統於督辦並以兩省行政長官任爲會辦以期事無掣肘利於進行期以三年足昭實效繼今以往再酌定一永久機關責以專管墾務渠

工善後事宜庶幾經久而不敝至在事各員宜選水利工程專家分任辦理循名責實力求精進孰謂邊荒之地不能闢爲内省乎是亦在乎爲之而已

一宜剔除渠工積獘以蘇民困也　查往蹟渠工之完善莫若寧夏今日渠工之積獘亦莫若寧夏古人立法春工修浚按輪封俵制度最爲完備乃今日司其事者每遇春工不問各段工程之鉅細惟照舊額以派夫納賄者路近而工輕無力者則路遠而工重甚或私納苞苴不赴工作其額征材料實用於工程者不過十之一二餘則奸紳胥吏隱折分肥及至放水之期農民望水甚於望歲而局員則藉口以水未到稍不與開俵實則納賄者即可得水以致該地土人有有錢有水之謡凡此種種更僕難數今既作根本之圖非認眞整頓不足以挽頹風而興農業至於後套渠道積獘亦大常年渠工名爲地戶包修其實於包修期内並不動工不過借包修之名行其壟斷之實而已積獘至斯非當

事者辦理認眞豈區區數言之條規所能維持而補救昔賢謂有治人無治法豈不信歟

一宜酌設軍警以奠民居也　套地遼闊久爲匪徒出沒之藪往年蒙匪盧匪肆行騷擾居民望風逃避千里爲墟今雖漸就底平而其散在草莽者猶時時乘機而思逞墾戶之春往秋歸不樂久居是土者實鑒於此宜套地居民之不繁衍也現雖節節設防仍苦兵力不足以遍及爲久安計似宜分派軍隊扼要駐防而於墾地所在酌設警察勤於探訪更番巡邏俾無隙可乘則匪徒自應歛跡行之既久居民晏安其由內地遷居者必日加衆然則維持西北之治安不第爲振興實業之基礎且可爲殖民之良策矣

一宜廣植森林以調和氣候也　森林足以調和氣候變化土壤保持水分遏止風暴於民生關係至切而植於砂礫之地尤爲適宜查後套一區除應墾植

田畝外尚有荒地約十五萬頃寧夏亦有八萬頃前套荒地爲數尤鉅此等地久爲沙壓不宜禾稼而於榆柳洋槐等森林種植實最相宜若畫爲林塲購種秧本及時分植三十年後可成爲西北極大林區生機鬱勃空氣新鮮動植各物皆可被潤澤而大豐美此與墾務前途關係最爲重要者也

一宜延長京綏鐵路以利交通也　實業之發達端賴交通套地開闢而後物產豐富人民漸多輸出輸入之物品將有不可勝計者若仍其舊俗專恃舟駝則轉運未免迂緩糜費未免過多今者京綏路勘定之綫已至包頭而通車則僅至平地泉平包之間相距尚有六七百里此項工程固宜早日興修而自頭以西至於五原寧夏等處亦必延長聯絡以通聲氣俾物品之轉輸朝發夕至則商務由是而振興即邊境因之而繁庶是尤計畫之不可少緩者也

一宜提倡皮毛製造以杜漏卮也　套地畜產最富而駝毛羊毛羊皮等出品

尤爲該處之大宗惜其安於固陋僅以生貨出口售價低廉一經洋商製造獲利數倍或數十倍即此一端漏卮已甚欲救其弊宜於五原　頭寧夏等處酌設工廠就地取材專製皮料及織造毛呢各貨力求精美逐漸擴充務使生貨變爲熟貨運之出口工料雖微究其發達之所至其利益有不在墾務之下者此亦整頓套務之一偉大事業也

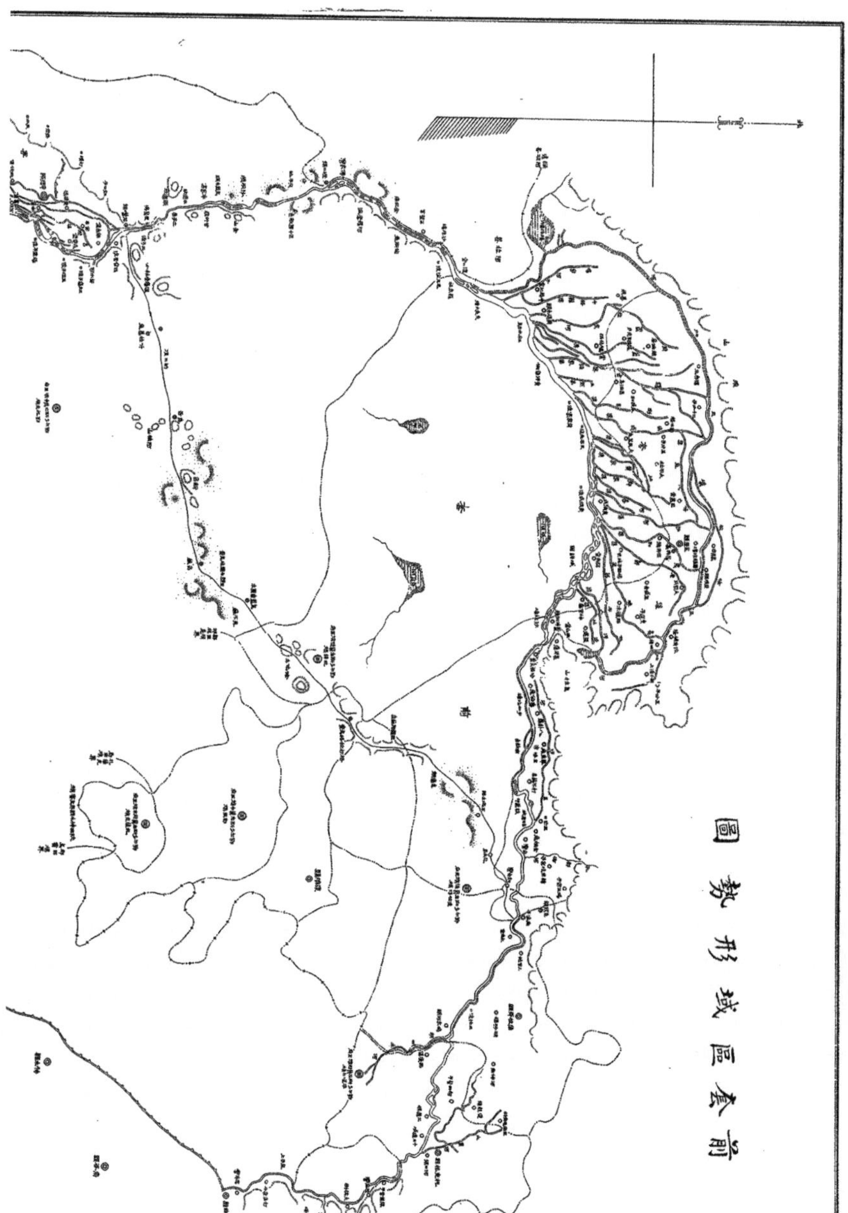
前套區域形勢圖

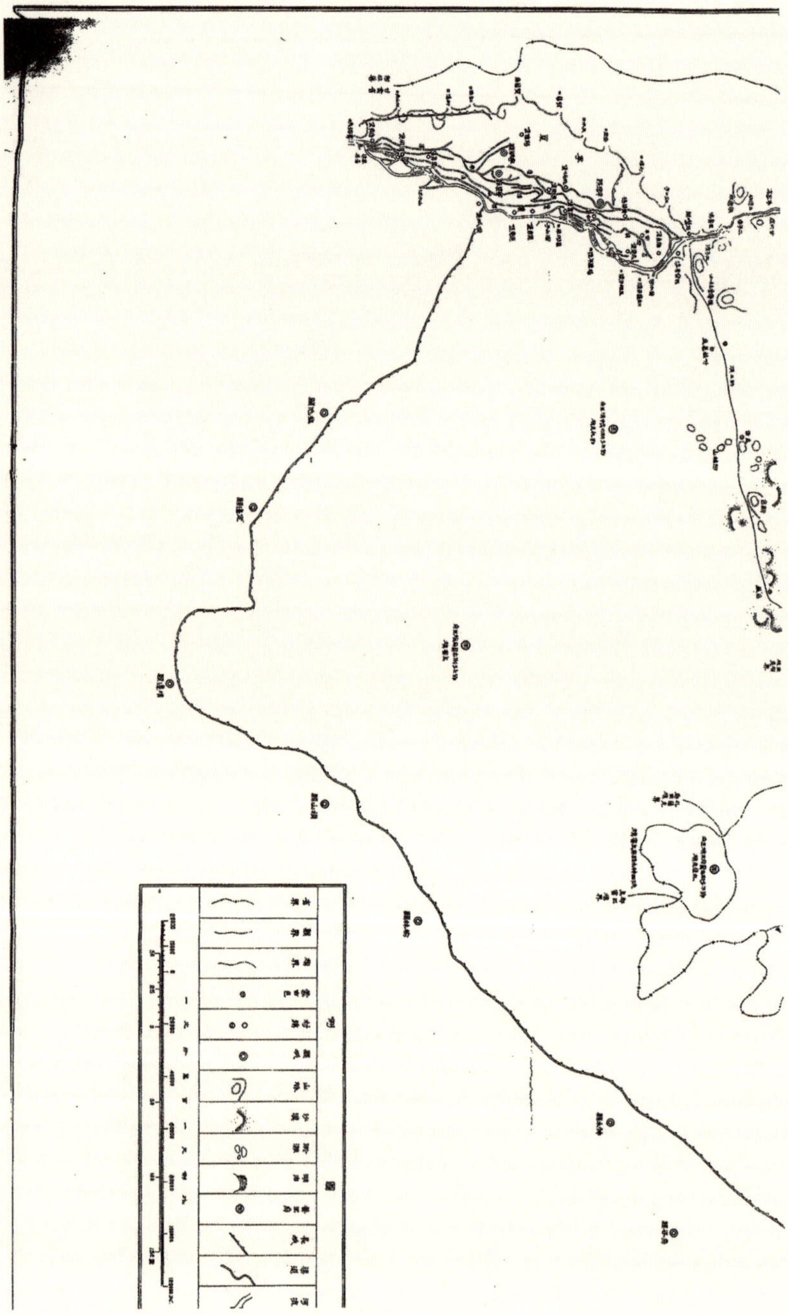

後套區域整理計畫圖

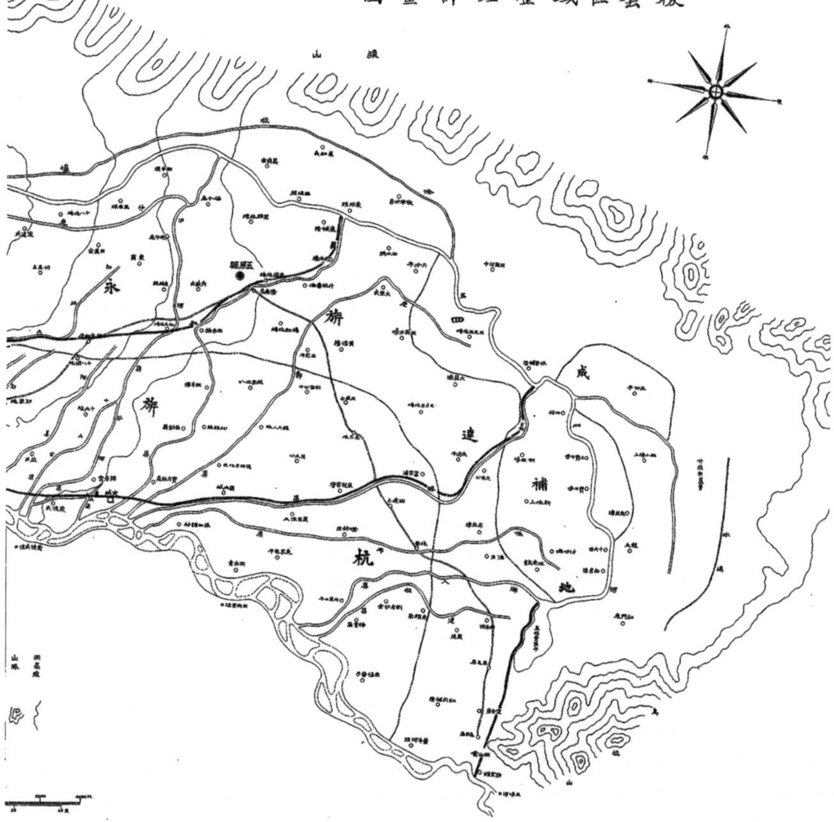

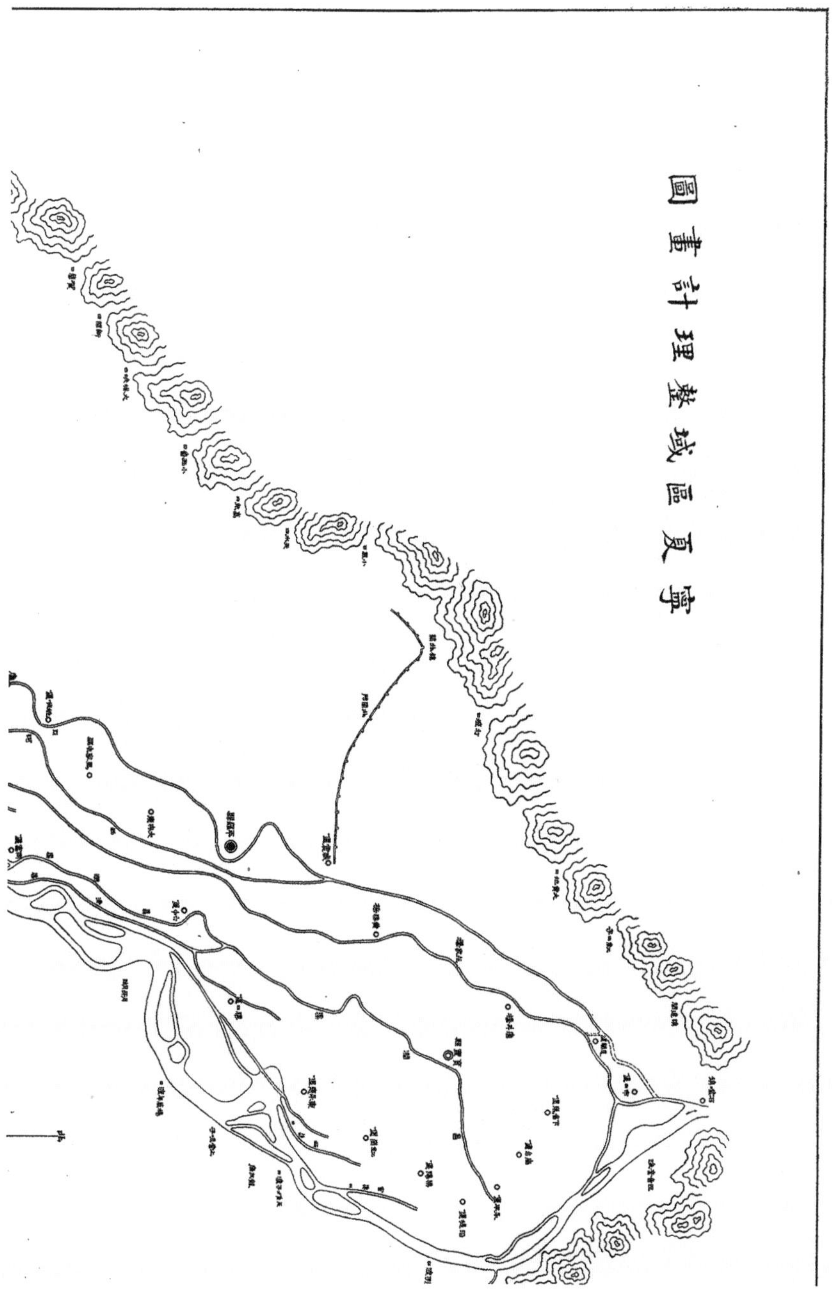

寧夏區域整理計畫圖

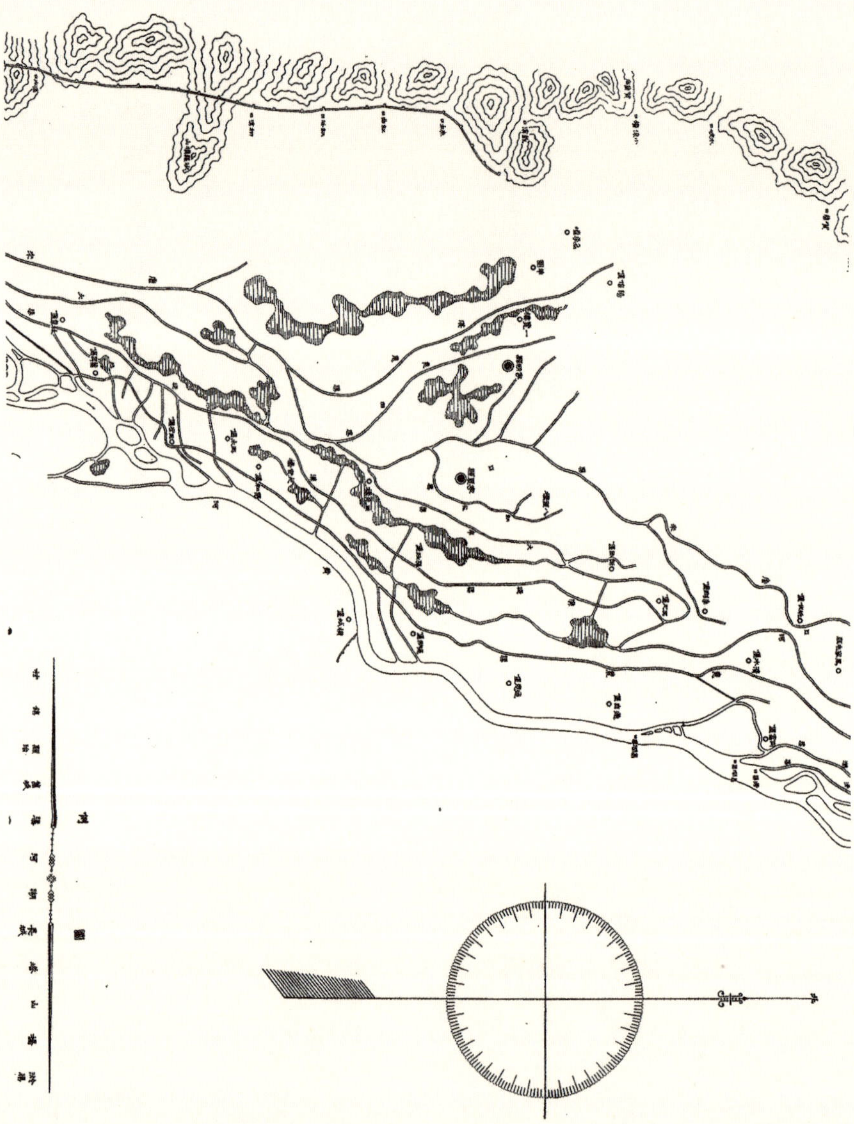

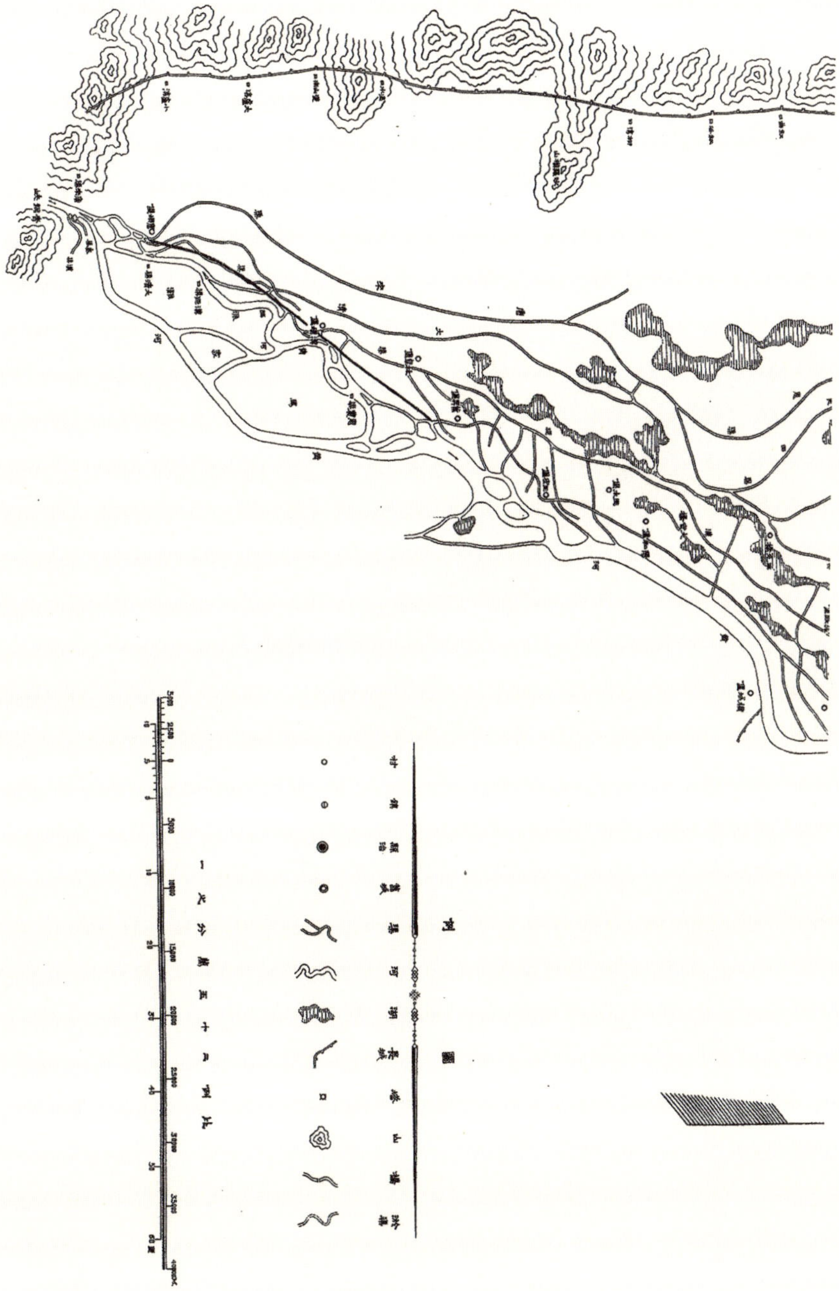

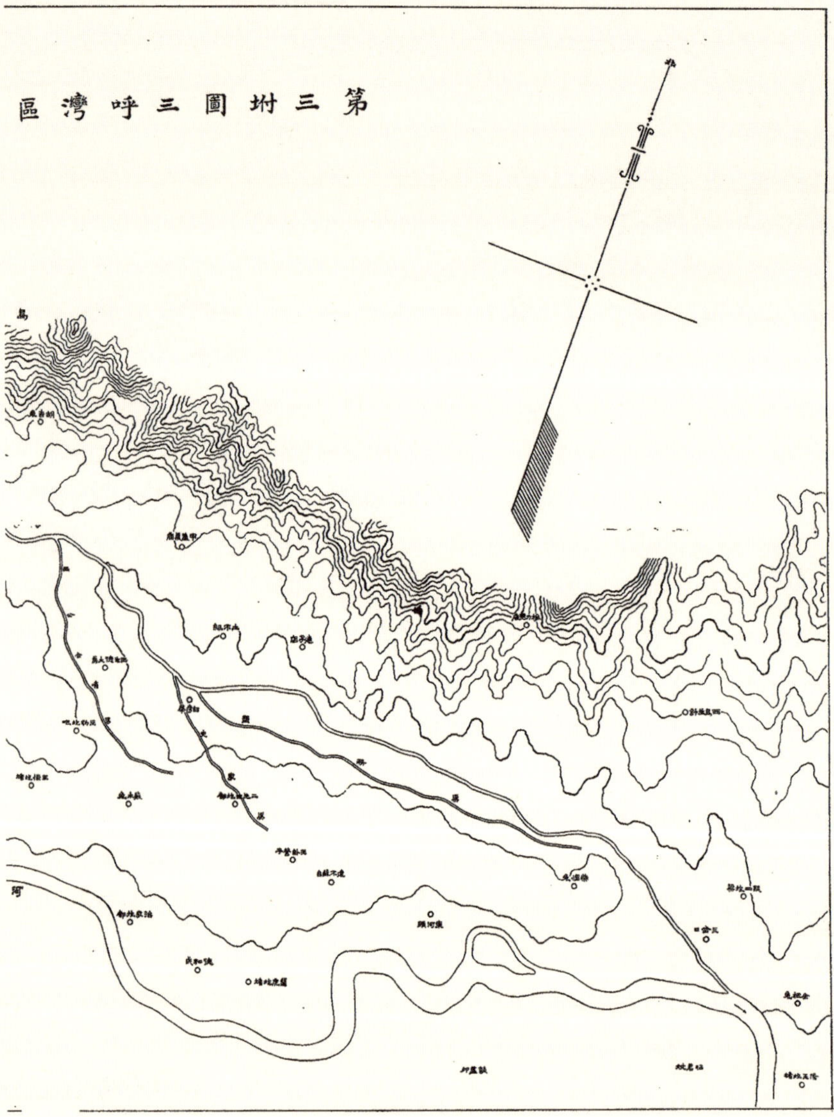

第三坿圖　三呼灣區

域形勢圖

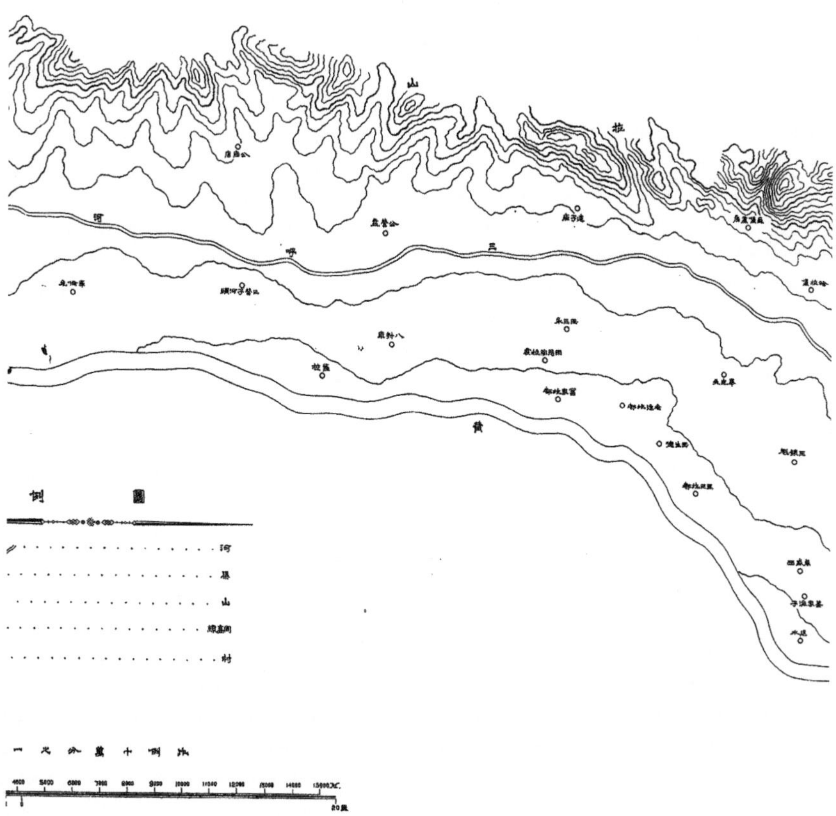

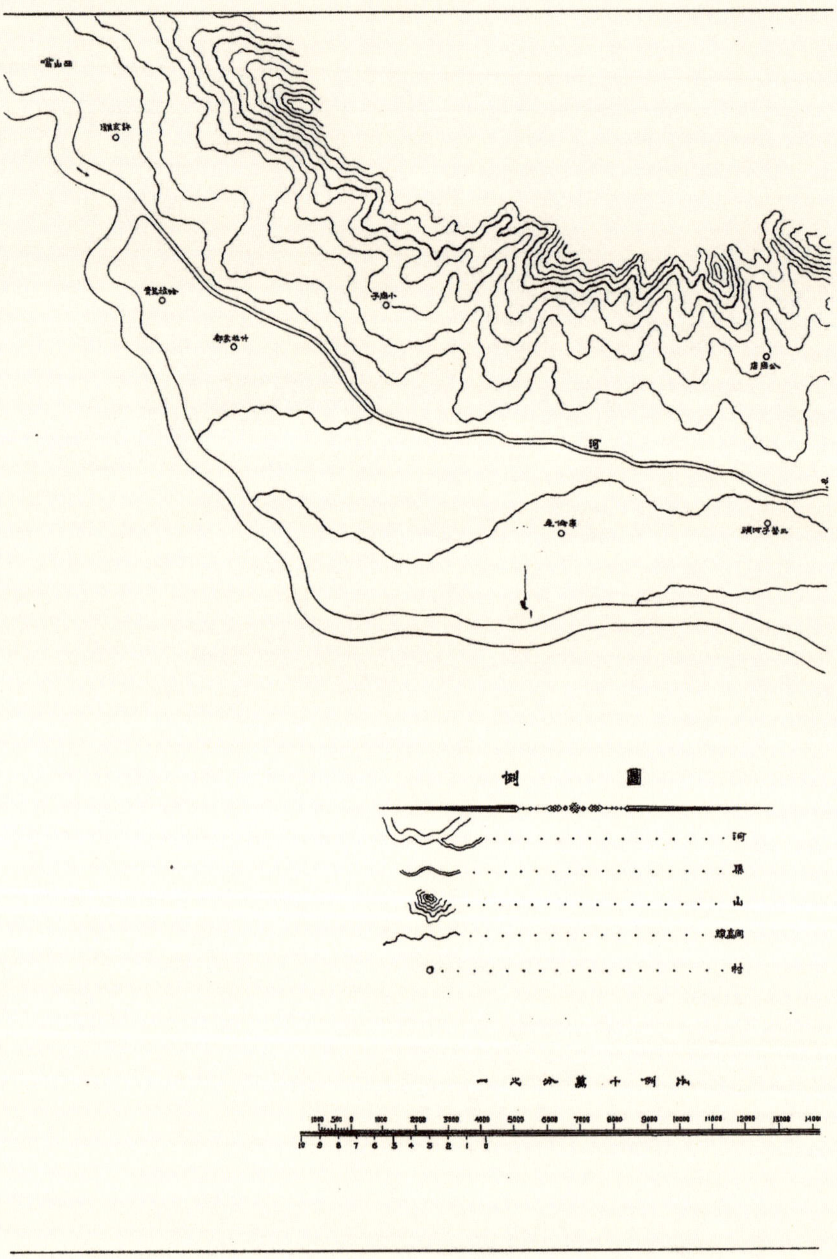
河
圖例
河
山
等高線
村
比例十萬分之一

調查河套圖 2

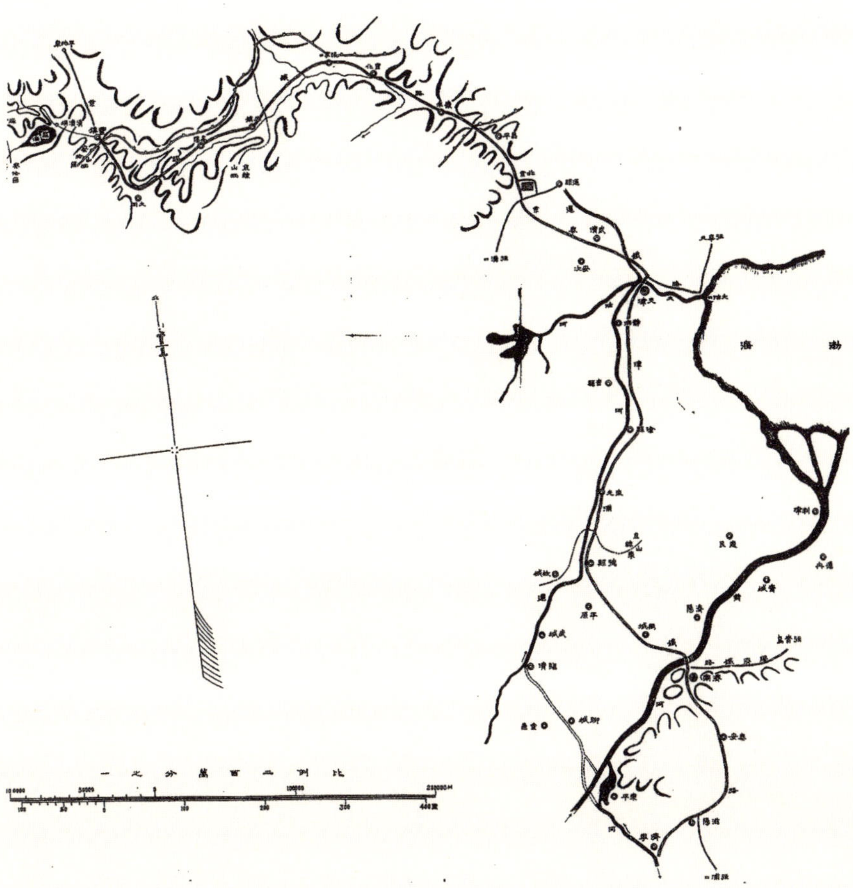

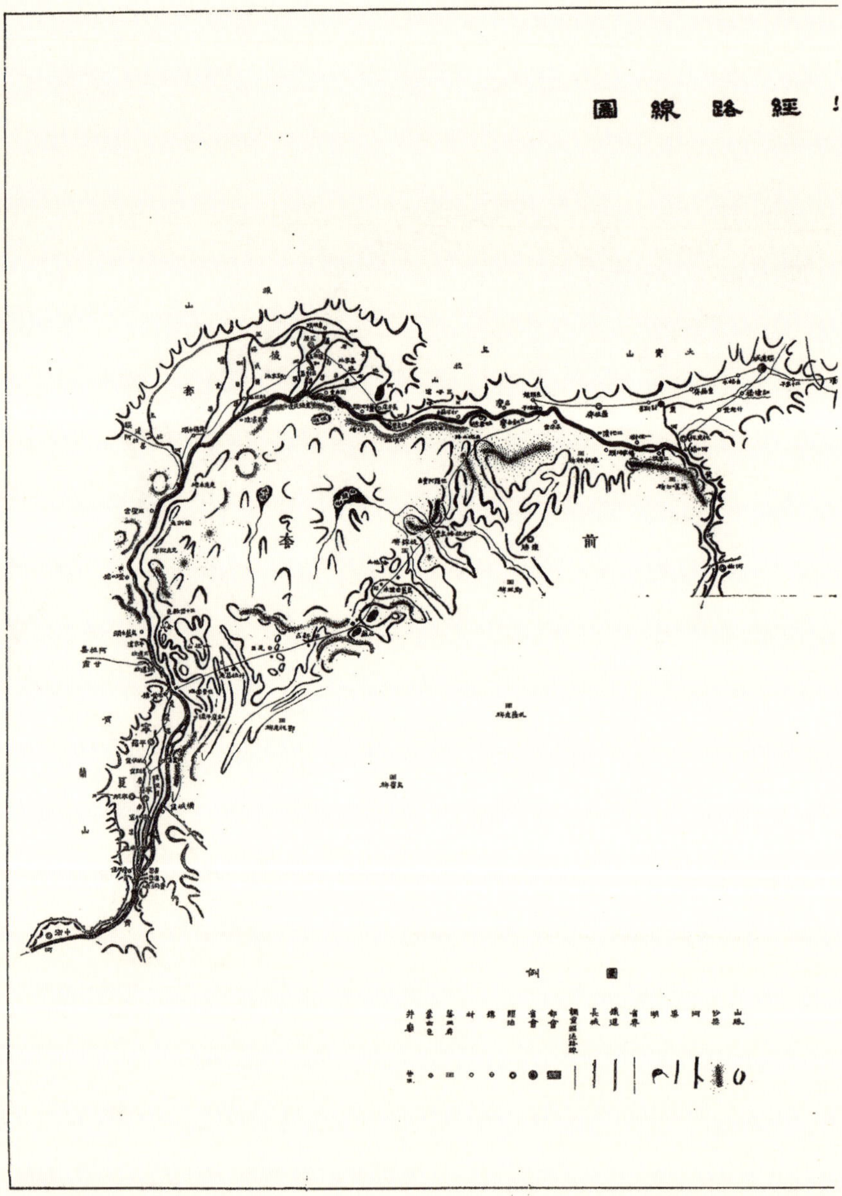
經路線圖
前
圖例
山脈
沙漠
河
渠
湖
省界
鐵道
長城
都會
省會
縣治
鎮
村
井

調查記錄

寗夏區域

沿革及歷史

寗夏古朔方郡地原係斥鹵不毛之區自漢武宣房塞後用事者引河溉田水利以興惟地近羌戎時爲侵越破壞至後漢順帝復朔方從虞詡言使郭璜浚渠屯田水利志所云今漢渠是也魏晋中原多故其地爲赫連勃勃所據及後魏太武帝平赫連昌後薄骨律鎮將刁雍請開富平西艾山舊渠通河水溉田四萬頃考渠在河西高渠之北分河之下今地理當在唐渠之西賀蘭之東麓唐時爲懷遠縣屬靈州大都督長史李聽於境内復漢光祿廢渠以溉田水利志所云或即今唐渠者是也宋初爲懷遠鎮咸平中入於西夏尋都之號曰興慶府又曰中興府宋史夏國傳興靈有古渠曰唐渠曰漢源皆支引黄河以溉

田歲無旱澇之虞元滅夏立西夏中興等路屬甘肅行省郭守敬傳西夏有古渠在中興者一名唐來其長四百里一名漢延其長二百五十里它州正渠十皆長二百里支渠大小六十八灌田九萬頃兵亂以來廢壞淤淺守敬更立閘埝皆復其舊明初爲寗夏府後改爲衞屬陝西都司中葉套患日亟侵據東北一帶號查漢托護清初因之但於漢唐二渠間開大清渠以助漢唐二渠所不及雍正二年置寗夏寗朔平羅三縣屬寗夏府隸甘肅行省四年通智開惠農昌潤二渠復查漢托護墾地增置新渠寶豐二縣並屬於寗夏府乾隆三年省新渠寶豐二縣併入平羅今仍爲甯夏甯朔平羅三縣屬甯夏道隸甘肅省

地區

寧夏道屬地跨黃河兩岸所在平原支引河水以資灌溉其在塞以內黃河之東與河套無甚關係姑不具論在塞外者即寧夏寧朔平羅三縣東與鄂爾多

斯爲鄰以地里論蓋猶河套之坿庸也其地除山廠不計外西起賀蘭山之東麓東至黄河南起青銅峽北至石嘴山南北長約三百里東西廣約三十里至百里不等面積一萬方里地勢西南高東北下河水出青銅峽逕向北流決渠引水順流入地灌溉之利得天然形勢元和志所謂賀蘭之東河之西有平田可以引水灌溉即是處也

河道 坿水面漲落流量及含沙成分各圖表

河套黄河自青銅峽始　峽爲兩山對峙河出其下峽盡處左漸一渠曰唐來溉河西寧夏等屬之地右漸二渠曰秦曰漢溉河東金積靈武各屬之地峽口左岸山坡有古塔一百八座不知所始今曰百八塔北去寧朔縣治一百四十里

又北偏東逕横城堡北　河水出峽北注枝分二派右曰東河經金積縣境左

曰西河經寧朔縣境兩河之間曰馬家灘西河自唐渠以下又漸爲大清漢延惠農各渠又北至葉升堡兩河復合又東北右岸入靈武縣境山水河從南來注之左岸入寧夏縣境又東北逕橫城堡北河長凡一百八十里西至寧夏縣治三十五里

按水經云又北過北地富平縣西注云河側有兩山相對河出其間即上河峽也世謂之青山峽河水歷峽北注枝分東出又北逕富平縣西又北薄骨律鎮城在河渚上河水又逕典農城東世謂之胡城又北逕上河城東世謂之漢城又東北逕廉縣故城東又北與枝津合實地考查即橫城以上河道富平縣即靈州今爲靈武縣在河東薄骨律鎮亦在靈武境青山峽即今之青銅峽典農城上河城廉縣故城均應在河西寧夏縣治以南今無跡可查又北偏東逕溜山子西　河水過橫城堡又東出長城右岸入鄂爾多斯鄂托

克旂境又北左岸㽞爲昌潤渠又北逕溜山子西河長凡七十里西南去寧夏縣治七十里

按水經注云河水又東北逕渾懷障西地理志渾懷都尉治塞外南去北地三百里考北地郡治前漢在馬嶺故城今慶陽縣西北按此渾懷障當在長城以北黄河之東溜山子坿近

又北偏東逕紅崖子西　河水過溜山子又北左岸經昌潤渠舊口入平羅縣境又北至旁渠口河中洲渚叢生又北經六中堡西去平羅縣治二十里又東北經東永惠堡河道屈曲遷徙無常右岸沙梁或遠或近視河道之曲折爲轉移岸邊小淤地已墾不少又東左岸經河溝西渠至河溝官渠又北逕紅崖子西河長凡一百八十里紅崖子當黄河右岸臨河壁立崖石作紅色故名每當晚陽斜照崖石紅光耀射遠見數十里

按水經注云河水又東北歷石崖山西去北地五百里山石之上自然有文盡若虎馬之狀粲然成著類似圖焉故亦謂之畫石山也考石崖山即省嵬山在寧夏府治東北一百四十里黃河東岸今紅崖子西北有省嵬堡疑紅崖子即省嵬山石崖畫石皆古名惟山石之上畫文不見想係年遠爲風沙剝落矣

又西北逕石嘴山東　河水過紅崖子又北右岸苦水河由東南來注之又西北左岸惠農渠水來注之又北至石嘴山河長凡七十里石嘴山在黃河左岸東臨黃河崖石突出川嘴故名右岸山脈亦臨河石質中含有鐵鑛又產炭以上河道自青銅峽至石嘴山總方向爲北偏東約十五度河長五百里寬自四分之三里至五里深自五尺至二丈不等左岸寗夏區域右岸自長城外爲鄂爾多斯即前套區域河水之宣節以青銅峽石嘴山爲關鍵以故寗

夏水利獨占天然之形勢

又北偏西逕金山西　河水過石嘴山入山峽北行左岸經阿拉善境過螞蝗溝歷迴水窩跑馬崖北韃子灣魚籃子沙七家磧頭道坎二子店淌腰沙浪毛沙二道坎歪脖子沙三道坎牛家溝等十四處或爲懸崖或爲磯嘴或爲暗沙或爲洞坎形狀不一極爲險隘牛家溝以北左岸山勢西縮地面漸平有廢渠一道已爲亂石塞滿河中有小灘叢生紅柳又北逕金山西河長凡一百二十里金山在黃河右岸蒙古名哈他敖拉峯頂尖銳遠見百餘里坿近又有桌子山喀喇等山

按水道提綱云又北經阿布山色而綱喀喇山西麓按即此山

又北偏西過磴口　河水過金山環西麓行二十里又北右岸查漢托垓三十里敖包皆連山地左岸明沙粱近河淤地已墾然面積甚小河長凡一百二十

里

又北偏東至烏拉河口　河水過磴口又北河面漸寬河中有洲長二十餘里名曰中灘又北傅家灣其右岸阿羅套海又北金三廟沙梁漸遠其右岸陶斯兎又北三聖堂小渠五道天主教民所開地亦教民種之又北歷沙圪堵毛老海渡渡口堂其右岸老板昭入杭錦旂境山脈始東轉又北烏拉河口其右岸克克木堵地勢平曠惜黄河水平綫較低故至今未墾河長凡二百里

以上河道自石嘴山至烏拉河口總方向爲北偏東約十一度河長四百四十里寬自三分之一里至三里深自三尺至一丈七尺不等左岸阿拉善地右岸前套區域自金山以上河底亂石嶙峋號曰石河傾斜峻急水流如奔每秒速度達一丈有二尺金山以下水勢較緩計由磴口至老板昭右岸崖高一二丈至七八丈不等其土甚堅河底堅沙水色灰黑按水經云又北過

朔方臨戎縣西注云河水東北逕三封縣故城東在臨戎縣西一百四十里河水又北逕臨戎縣故城西又北有枝渠東出謂之銅口東逕沃野縣故城南枝渠東注以溉田所謂智通在我矣河水又北屈南河出焉（即今河）河水又北迤西溢於窳渾縣故城東（即今烏拉河）實地考查自烏拉河口以上河道無大變更三封縣故城當在河西阿拉善境內寗夏北境地或亦屬三封窳渾縣故城在烏拉河西北騰格里湖附近阿拉善與杭錦交界處臨戎故城似在河東鄂托克境內沃野故城及銅口枝渠亦應在河東惟是黃河出塞而後北流七八百里東岸鄂托西境皆山脈綿亘理無枝渠可通又攷後魏薄骨律鎮將刁雍上表論漕運曰臣鎮去沃野八百里又云穀在河西轉運至沃野越渡大河是沃野應在河東去薄骨律八百里當係在克克木堵以下杭錦境內惜代遠年湮滄桑幾變晉魏唐宋以降淪爲胡人游牧之區古跡蕩

然無可尋攷銅口枝渠亦遍覔不得其所在良可惜也

墾務

甯夏地層由河水沖積而成土質含有鹹性須藉含淤之河水以浸灌乃能種植否則廢爲斥鹵不毛之區自漢光祿勳徐自爲開光祿渠引河溉田水利以興遂化斥鹵爲沃壤自後唐宋元明代有經營屯墾以至數萬頃此所以有天下黄河富甯夏之諺也

明之中葉套夷爲患侵據東北之察漢托護爲游牧地墾務遂壞及至清初合三衛一所實墾之地尚有萬頃田賦粮九萬八千餘石草九十九萬餘束銀五千餘兩雍正四年侍郎通智單疇書規復察漢托護墾地當時合計實有二萬一千餘頃道咸以次日漸荒蕪據宣統年間之調查墾額僅六千頃而已茲將各屬分述之

寗夏縣原額屯田七千二百二十八頃三十二畝（畝數以下畧後同）原徵地丁銀二千五百零六兩（兩數以下略後同）糧四萬二千六百十八石五斗（斗數以下略後同）草十六萬六千零六十八束又馬廠地五百零三頃十四畝又府屬馬廠地八百二十九頃八十七畝現額屯地一千五百十八頃三十畝招墾查出入額屯地二百零二頃九十八畝馬廠地二百六十七頃二畝舊府屬馬廠地在內除招墾查出入額屯地豁免不計錢糧外實徵地丁銀連耗羨銀六百四十八兩糧連耗羨糧一萬六千五百八十五石八斗草四萬五千九百六十三束馬廠地租銀一千二百十九兩

寗朔縣原額屯地四千一百五十一頃三十五畝更名地二百三十六頃一畝原徵地丁銀二千七百四十一兩糧四萬零七百五十三石六斗草十五萬九千九百八十六束現額屯地一千四百九十三頃十一畝更名地一百二十四

頃十七畝招墾查出入額地

豁免不計錢粮外實徵地丁連耗羨銀一千四百七十兩粮連耗羨粮一萬五千六百三十六石九斗草四萬九千四百二十二束

平羅縣原額屯地八千四百五十七頃八十六畝原徵地丁銀四千五百七十兩粮三萬二千二百八十四石一斗草四萬六千八百六十束又馬廠地三百二十六頃七十二畝現額屯地二千三百七十三頃三十三畝招墾查出入額屯地一百七十二頃三十二畝馬廠地二百六頃四畝除招墾查出入額屯地

豁免不計錢粮外實徵地丁銀連耗羨銀一千三百零四兩粮連耗羨粮一萬四千九百四十八石五斗草二萬二千九百九十三束馬廠地租銀九百十四兩由此以觀寧夏三屬原額屯地更名地馬廠地共爲二萬一千七百三十三頃二十八畝現額爲六千五百三十三頃八十四畝其荒蕪者爲一萬五千一

百九十九頃四十四畝
用以賦稅言之原額除馬廠地租銀無攷不計外原徵地丁銀九千八百十七兩糧十一萬五千六百五十六石三斗草三十七萬二千九百十四束現徵地丁銀三千四百二十二兩馬廠地租銀二千一百三十三兩糧四萬七千一百七十一石二斗草十一萬八千三百七十八束其中因地荒蕪而損失無征者爲銀四千二百六十二兩糧六萬八千四百八十五石草二十五萬四千五百三十六束
地畝價值以渠水按時澆灌者爲最貴其土壤腴肥澆灌不能如期者轉次之大抵上則之地糜穀豆麥無不咸宜每畝由二三十元至五十元不等如陽和堡黃渠橋等處是其次稻田約二十元再下者不過二元又凡回民居處之地則價貴漢民居處之地則價賤緣回民性耐勤勞頗能致力於農墾兼以田產

不多不得不以重價購之以資生產若能荒蕪之地規復每畝押荒假定四五元之間卽此可收入七百萬元農產歲祇一季然亦有夏秋之別夏田播種自春分起至穀雨止大小麥莞豆扁豆青稞胡麻蠶豆早糜子早穀子等是也秋田自立夏起至夏至止穀子稻糜綠豆青豆高粱馬鈴薯蕎麥等是也至於收穫之期夏田由夏至起秋田至秋分止秋分以後時有嚴霜禾稼不能生長矣種植之手續年前灌以冬水及春播種者謂之夏田不得冬水以新水浸灌而後播種者謂之秋田無論夏秋田禾稼生長均需灌溉川水以三輪爲定例初開水爲頭輪澆大小麥莞豆扁豆其次胡麻蠶豆早糜早穀及瓜菜之類得水以立夏後十日爲及時半月卽減收成數若二十日或一月不得水者雖能收穫僅二三分而已小滿後種穀子芒種前後種稻夏至種糜子綠豆以二輪水爲最要是時又必添澆夏田故得水以夏至以前爲及時三輪水爲秋田之必

要夏田晚禾亦須添澆小暑大暑時稻田不可一日絕水故三輪水之需用爲最廣白露後夏田已割秋田已熟惟蕎麥及晚成之糜子冬菜需水然亦不過三四分餘則放入夏田霜降封凍小雪結冰故夏田浸灌須在立冬以前以爲來年播種之計大凡植物生長由八十日至一百二十日普通浸灌三次每次入土之度約需一尺稻田低下多鹹必須輪次除清換濁以消鹹氣故用水最多夏朔二縣之低地種麥豆三四年須輪種稻一次

收穫之豐歉視得水之多寡大抵得水四次者大穫三次亦豐收二次則減半一次或過遲則無濟矣每畝產量夏田大麥出一石至一石八斗小麥莞豆蚕豆出八斗至一石二斗扁豆成熟較早僅四五斗秋田稻由一石至四石高粱二石左右糜穀豆類一石一二斗此其大概也田賦糧夏以小麥莞豆秋以糜子綠豆四色徵收存儲倉廪往往霉爛不能變價出售因交通艱阻轉輸困難

之故然亦可見產額之富矣

甯夏糧產表

穀類	每畝產量中數	每石價值中數	每畝種籽	耕種節期	收割節期	播種方法
大麥	一、二石	三、〇元	八升	清明前後	小暑	抄
小麥	〇、八	七、〇	五	仝	大暑	抄
莞豆	一、〇	六、五	七	仝	小暑	抄
扁豆	〇、四	七、〇	三	仝	夏至	抄撒
蚕豆	一、〇	六、五	八	仝	小暑	抄
胡麻	〇、八	七、〇	一	谷雨前後	立秋	撒
青稞	〇、七	六、〇	一	清明前後	小暑	撒
糜子	一、二	五、〇	一	清明前後 夏至前後	小暑 秋分	撒

穀子	一、〇	六、〇	一	清明前後 小滿前後	小暑 處暑	撒
稻	二、〇	三、五	八	芒種前後	寒露	撒
高粱	一、八	四、〇	三	小滿前後	秋分	撒
綠豆	一、〇	七、〇	四	夏至前後	白露	抄
青豆	一、〇	七、〇	五	芒種前後	秋分	抄
馬齡薯	二、八後	〇、三	一	夏至前後	秋分	抄
蕎麥	一	四、五	四	大暑前	寒露	抄撒

接甯夏墾務情形已略如右述若能實行整理則荒蕪之地一萬五千一百九十九頃四十四畝可一律成熟茲將成熟後之利益預決於次

一荒價約六百八十四萬元

查甯夏境內原有之地每畝上則自二三十元至五十元最下者亦二三元今

以下則地折中計算每畝以四元五角計算略如上述

二賦稅一百零六萬元

查地丁粮草三項準以現行之例按時價計算每兩折銀一元五角粮每石折銀十元草每束折銀一角平均每畝納稅銀實有八角一分今擬從少計算每畝假以七角定之通計如上數

三粮產約九十一萬二千石

每畝粮產由數斗至一石數斗酌中計數再除種去殼以淨熟計每畝產六斗共產如上數用濟民食可供六十萬衆之需計值則九百萬元

四殖民十五萬三千人

規復地畝如前數以二夫種一頃每夫連家室五人計共殖民如上數

以上四端僅舉概畧其他附帶受益之處度亦不少

渠工

黃河自古爲中國患而寧夏開渠溉田獨享其利攷渠工刱始於秦（秦渠在黃河東岸金積縣境內由青銅峽開口）盛行於漢修浚於唐今漢延唐來二渠其遺跡也宋元仍之及明中葉以套患廢棄以致淤淺末年始修復之至清初增開大清惠農昌潤諸渠合爲五大渠由是境內無高下鹹鹵不毛之地得水浸灌悉成腴田至數萬頃富庶甲於內地此塞北江南之諺所由來也

五渠次序唐來居上游次大清漢延惠農最下爲潤昌各渠口皆與黃河斜交乘勢以引河流渠口旁各作迎水灞一道長三五十丈或四百丈不等以亂石椿柴爲之逼水入渠距渠口一二十里建正閘一座是爲一渠咽喉要道旁設水表以五寸爲一分總以十二分爲率正閘以上各建減水閘二三四座不等水小則閉之使水盡入正閘水大則啟之俾仍洩入河設水手以爲司理隨時

報告水勢閘各二空或四五空空寬各一丈左右減閘上游有滾水壩一道或三五十丈或七八十丈用石堆疊低於堤岸數尺河水泛漲則從此滾出入河正閘之水止循分寸入渠沿岸居民鑿小渠以引水入田者曰支渠大者長百里小者數里或數十里各建小閘或木或石以便溉田名曰陡口其有此渠之高田因彼渠隔斷而不得水者則架木筧以渡之名曰飛槽其渠水灌入稻田復從稻田澄出之清水則放入各湖如唐渠東岸之解面楊家洛洛清渠東岸之章子張喇漢渠西岸之平則老鶴雙塔東岸之明水龍太惠渠西岸之黑渠塔橋諸湖坎坎相連名曰十二連湖皆所以蓄水也湖水既盈則洩入西河而仍歸黃河有被大渠所阻者則於渠底砌石爲洞以通之名曰暗洞舊戶田以六十畝爲一分新戶田以百畝爲一分每田一分除田賦正供外例納束草四十八束後改二十四束重各十六斤樁十五根長各三尺嚮由水利同知於十

一月間征齊存儲以備來春修理閘壩堺岸之用後改收七本三折蓋以工程用品時需紅柳芨芨苫石塊石灰等物故於草椿內收折色三分以便採買總名之曰顏料每歲河凍之時用草閉塞渠口名曰捲埽至清明日按田一分撥夫一名挑浚渠身川疊堺岸以一月爲期名曰春工工作之時官司親臨董率委派紳民練達渠務者分段監工名曰委管各段渠底設有底石上刻準底二字春工挑浚須至底石爲止立夏日掣去所捲之埽放水入渠名曰開水開水之時先將上段各陡口閉塞逼水到稍取稍民澆灌滿足甘結名曰封水封水之際將各陡口酌留二三分水名曰俵水至是乃開上游陡口任其澆灌既已普及又逼令至稍封與俵周而復始上下段皆穫及時澆灌夏至日止名曰頭輪水立秋前後名曰二輪水至小雪止名曰三輪冬水其制度如此可見古人經劃煞費心思以成此萬世之利也第道咸以後董理其事者不能得力原有

渠工任其淤淺積習相傳至於今日漑地之日減職此故矣茲再分述於後

（一）唐來渠

唐來渠一曰唐渠賀蘭山東第一道大渠也自青銅峽開口引黃河入峽之水達石山之麓西北過唐壩堡經甯夏城西平羅城東南至上寶閘堡入西河本漢光祿故渠唐大都督長史李聽復浚之後沿此稱（甯夏府志水利源流云）元時廢壞河渠提舉郭守敬重修更立閘埝舊制以木明隆慶六年河西道汪文輝易以石工益固初渠口在觀音堂下寬十八丈深七尺繼以渠身淤高納水不暢漸不敷用清康熙四十七年水利同知王全臣於河中築⿰土拜（夏人讀壩如拜今通⿰土拜字其實⿰土拜卽壩也）逆流而上直衝峽口自百八塔寺下劈分黃河三分之一以爲渠口名爲迎水⿰土拜⿰土拜長四百五十丈寬約二丈高一丈六七尺不等用柳圈內貯石子排列兩行中間塡以石塊柴薪疊疊築起高於水面下用大石襯固⿰土拜基⿰土拜成藉挽河流

東注之勢西折入渠水位既高納流通暢歷二十年渠底又淤至雍正九年侍郎通智重修設立底石上刻準底二字埋置渠底春工修浚以至底石爲度乾隆四年寧夏道鈕廷彩四十二年寧夏道王廷贊嘉慶十七年寧夏道蘇成額道光四年寧夏道瑞慶均奏請發帑重修

渠口自迎水湃以下有滾壩一道長三十丈用洩渠内過量之水以入河又下有減水閘四座均四空空各寬八九尺至一丈不等啓閉視正閘水表爲準閉之則以益其流啓之則以消其勢又下乃正閘一渠之咽喉要隘也閘在唐壩堡共五空東四空爲正閘西一空爲貼渠閘寬一丈五寸六分（貼渠閘原係二空今廢一空）正閘中二空各寬九尺六寸外二空各寬一丈一尺五寸二分旁設水表高十八份每份五寸水至十二份則遞開減閘按表可知正閘納水之量亦可知溉地之數閘壩附近險要之處建護岸湃七處以禦河流之冲刷計自百八塔壓

局下迎水垿起至唐壩堡正閘止長凡二十三里零是爲渠口渠身約分五段由正閘起西北行至玉泉橋爲上段長五十里寬八丈深三五尺自玉泉橋東北行微轉而西至良田渠口爲上中段長七十里寬七丈深五六尺自良田渠西北行至西門橋爲中段長四十里寬六丈深七尺自西門橋西北行至站馬橋爲中下段長六十里寬六丈深七尺自站馬橋北行至上寶閘堡達渠稍爲下段長一百里零寬三丈深三四尺計由正閘至渠稍共長三百二十里零兩旁隄岸排植榆楊既固隄根復供薪採取給不盡渠有通身橋十二道以通耕牧來往又有尾閘一道以備閉啓蓄淺之用此舊制也今唐渠淤淺水量不能到稍此閘已同虚設矣大支渠二十餘道其與正渠相接設有陡口大小計四百四十六道溉寧夏寧朔平羅三縣三十三堡田五千七百六十三分每分約六十畝左右

又貼渠二道與唐渠同口異閘蓋唐渠之附庸也一曰舊貼渠溉唐渠東岸高地自南迤北至漢壩堡稍入漢渠長二十四里陡口三十一道溉田一百二十二分一曰新貼渠由舊貼渠分水自南迤北至清渠正閘上架飛槽用溉清渠東岸高地長五十六里陡口二十八道溉田三百九十七份半

所有唐渠附屬大小支渠暨二貼渠共計溉田原額六千二百八十二分半即四千七百八十九頃今渠身淤淺納水無多僅溉一千八百餘頃

支渠　唐渠支渠甚多其十里以上至百里者則有二十餘道兹將名稱地址長度列表於下

大新渠	在城南遶東而北	長七十六里
紅花渠	在城東南北流	長二十八里
良田渠	在城西北流	長九十九里

滿達拉渠　在城西北轉東北流　長六十里

白塔渠　在桂文堡　長六十九里三分

新濟渠　在鎮朔堡　長六十五里

大羅渠　在洪廣堡　長二十五里

小羅渠　在常信堡　長二十里

菓子渠　在高榮堡　長二十三里五分

和集渠　在周澄堡　長十七里

柳新渠　在平羅縣　長九里

黑沿渠　在平羅城　長十五里

亦的小新局　在張亮堡　長二十里

柳郎渠　在平羅城　長二十里半

曹李渠　在平羅城　長十里
他他渠　在靖益堡　長十五里
掠未渠　在豐登堡　長十八里
羅哥渠　在常信堡　長六十里
高榮渠　在高榮堡　長二十里
湛恩渠　在靖益堡　長一百里

閘壩　正閘一座共五空上建橋房十三間碑亭一座旁房三間減水閘四座曰關邊曰安瀾曰滙暢曰寧安均四空尾閘一座滾水壩一道

按漢唐二渠閘壩皆元郭守敬倡建初以木爲之明汪文輝易以石後大清惠農渠均仿而行之

坍　迎水坍一道在青銅峽渠口護岸坍七道曰賈家河溝坍曰大灣坍曰馬

神廟堺曰王祥堺曰張貴堺曰陳俊堺

底石　一在正閘下一在大渡口一在西門橋共三處

按自通智修渠時埋石於各段工次上鐫準底二字曰底石每歲春工以挑見底石爲度

水表　一在正閘旁高十八分一在西門橋高十五分共二處

按水表以木爲之上刻分畫以五寸爲一分十二分爲率以開減閘洩水入河防其漲也西門橋水表則測水分數以知到稍早晚

又峽口水加至八尺外例由寧夏府飛遞詳報河南防護工次

水手　四十名每名額田一分不征錢粮草束

按水手司各閘啓閉報告水勢消漲等事

委管　無定數

按每歲春工修浚例選士紳練達渠務者委任分段督修量給公費名曰委管他渠均同

額夫　六千六百六十五名零五日

按舊例春工每田一分出夫一名清明日上工立夏日工竣工作一月冬月捲掃例撥半分田人夫抵其次年春工之夫

額料　額征草十二萬七千二百七十三束椿十萬一千四百十四根

舊例每田一分出草四十八束重十六斤後減爲二十四束又椿十五根長三尺由水利同知於十一月間征齊存貯各工所以備來春興工之用後收七本三折用紅柳白茨芀苫石灰石塊等物則於折色銀內採辦

通智修渠碑記

（前略）查唐渠自始莫可考究觀其形勢自青銅峽百八塔寺下分河流爲

進水口由大壩遶寗城踰平羅入於西河綿亘三百零八里沿賀蘭山一帶田地均資灌漑遍稽誌乘名曰來渠元時行省郎中董文用河渠提舉郭守敬曾加疏導而閘座猶係木植至明隆慶間督撫河西道汪文輝始易木爲石後一百六十餘年雖例設歲修而司其事者多因循苟且遂至閘座傾壞渠道淤澄臣等遵旨濬修爰於雍正九年二月二十日率領效力文武官弁等四十員并協辦寗夏道府廳縣分布興工起自進水口其迎水堺甚低且多冲壞船運峽口石塊雜以麥草直分河流帮砌石堺兼內外馬頭共長三里零十丈倒流河決口寬百餘丈每年用草滾埽一遇大水仍行冲決水勢既下難以挽之使上且安瀾閘底水背又被冲刷傾壞乃循舊跡自上流另開渠身一百八十餘丈順引而下扼項冲處造滾水石壩三十丈水小則束之入渠水大則從壩滾出以殺急湍又將安瀾閘移下迎溜展造四墩五空

石閘一座以退餘水其大小雙閘底高空窄出水不暢乃稍移而南合造三墩四空石閘一座易名滙暢寗安閘底既高而南路頭突乃落底展修三墩四空石閘一座闢邊閘雖出水甚力並正閘貼渠底塘棱墩石牆俱多損壞皆添石重修并展造橋房十三間以及碑亭廊房數楹正閘之北爲龍王廟因舊制而恢廣之凡退水尾俱短水出即折湍激之勢陶坑冲刷以致閘座不堅因勢疏浚順引歸河且退水歸入倒流河反與大河漾水會射刷不但大坍日以險薄而田地時遭淹泡因與來水口厚加修築使水順流而下坍岸既堅旁地俱可耕種自進水口抵正閘前計九里三分零八丈皆沙石淤塞分爲一工自正閘後抵月牙湖腦二十里八分抵玉泉橋又二十二里一分抵寗化橋又二十三里二分零十丈抵大渡口又二十一里七分零十七丈抵和碩墩又二十一里八分零二丈渠西浮沙瀰漫渠內淤澄甚厚坍岸

低薄分爲五工自和碩墩抵三渠灣二十四里三分抵保安橋又二十一里七分抵滿達喇橋又二十三里一分零十一丈抵站馬橋又二十五里六分雖有塀岸而偏坡轉嘴甚多分爲四工自站馬橋抵張明橋二十六里一分零分八丈抵張貴橋又二十四里一分抵李氏橋又三十八里七分渠身太窄淤口亦多分爲三工渠尾淤塞餘水即洩入諸素湖一遇水大則漾漫田畝因循舊跡越廢邊十二里九分爲一工俱派撥文武官弁督夫浚修不但淤者去之使平薄者加之使厚低者培之使高窄者展之使寬即渠內大坡約下三四尺以至丈許且將尾稍引入西河水有攸歸地亦可墾凡渠內水緩沙壅則多淤澄因對偏度轉嘴相度斜射冲刷之勢布設馬頭使沙不停則水自無阻滯又一切受水險塀架帮柴柳土垡梳背長塀馬頭背培厚土內外相堅可免冲决橋座一十有七皆添木補修開渠尾架橋二座以通往

來又於正閘浚墩尾及西門橋柱刻劃分數驗水勢察淤澄渠底布埋準底石十二塊使後來疏濬知所則效於四月十四日工竣放水是役也皆仰體皇上愛養斯民之至意而竭蹶從事不遺餘力即在工文武員弁協辦寧夏道府廳縣亦莫不歡欣鼓舞不遑寧處計其添運物料僱覓工匠總需一萬八千餘金自興工以至放水爲時五十三日民不覺勞大工以濟落成之後規模一新渠流充暢高下地畝優渥沾足萬姓歡騰羣歌帝德惟愿後之司其事者毋荒忽以從事勿肥已以病民則渠無匱乏之虞而億萬年寧民得享盈寧之慶矣是爲記雍正九年五月

（二）大清渠

大清渠一曰清渠賀蘭山東第二道大渠也自唐壩堡馬關嵯開口至宋澄堡稍入唐渠清康熙四十七年水利同知王全臣開分溉唐渠東岸高地以助唐

渠水力所不逮九月初七興工十三日工竣稱神速焉雍正十二年及乾隆四年四十二年均重修

渠口上距唐渠口二十五里寬八丈深五尺距渠口十三里設正閘一座二空各寬一丈五寸六分減水閘三座均二空寬一丈左右滚水壩一道𡋯一道

渠身由正閘起至稍止長七十五里二分上段三十里寬四丈深六七尺中段三十里寬三丈深五尺下段十五里二分寬一丈六尺深五尺正閘架飛槽一道引貼渠水澆東岸高地渠底暗洞二道以洩渠西之湖水橋六道支渠十餘道陡口一百二十八道灌溉陳俊蔣定漢壩林皋瞿凊邵剛玉泉李俊宋澄等九堡田一千九十六分即一千二百十三頃今祇溉二百餘頃

支渠　魏家渠鴨子渠長行渠台壩渠大小邊渠董渠紅廟渠以上皆在東岸地八渠姜家渠曹家渠羅家渠蔣家渠李家渠以上皆在西岸

閘壩　正壩一座二空上建橋房五間碑亭一座旁房三間　減水閘三座曰盈寧曰永清曰底定均二空　滾水壩一道

暗洞　二座一曰漢壩暗洞在漢壩堡　一曰宋澄暗洞在宋澄堡　甃石爲洞橫通渠底引渠西之水東洩入湖初由明水利同知王三錫倡建於漢渠清同治王全臣修清渠亦仿行之

飛槽　一架在陳俊堡跨正閘而過係引舊貼渠之水　清唐漢惠四渠分布東西阻隔往往有此渠之地而因勢接引彼渠之水澆灌則用木筧跨渠上通名之曰飛槽

坪　二道一曰楊家河坪一曰施家坪

底石　一處在正閘下

額夫　九百十二名零九日

水手　二十名每名額田一分

顏料　額征局草二萬五千一百一十束　椿一萬七千六百九十根

水表　一處在正閘旁

蔡升元題大清渠二首

爲憐膏壤棄邊荒七日功成百里塘引入河流沙磧裏鑿開峽口賀蘭旁支分九堡通溝澮鼎峙三渠並漢唐作吏盡如君任事不難到處樂豐穰

兩渠中劃大清渠圖築無勞民力紓心畫萬家溝恤志胸藏一卷水經書嵐光樹色晴川外鴻影鷗波夕照餘渾似西南好風景豈惟灌溉徧村墟

又王全臣題大清渠落成二首

規模直與漢唐同鑿石浮江落彩虹遠近縈紆分上下縱横挹注任西東惟知順水行無事誰敢開渠輒有功最是亭成臨孔道喜聞過客話年豐

順導洪河入地中漢唐得助益淑灩羣岷久失千秋利此日新添一溉功沙際堤環春草綠橋頭額映晚霞紅閒來徙倚虐亭下翻愛旁流水向東

（二）漢延渠

漢延渠一曰漢渠賀蘭山東第三道大渠也自陳俊堡四道河開口西北過漢壩堡經甯夏縣治東至王澄堡入西河漢郭璜開（甯夏府志水利源流云）宋時曰漢源元稱漢延郭守敬設立閘埝明汪文輝易之以石清順治十五年巡撫黃圖安康熙四十年河西道鞠宸均重修雍正九年乾隆四年及四十二年均與唐渠同修光緒三十年六月初八日河水異常泛漲自馬關嵯以下河水奪流渠身淪爲支河舊日之渠口則土石塡塞不可復浚乃改口於菖蒲溝惟水勢遷徙不定頻年更易隨時補苴而已三十四年知府趙維熙仿王全臣之法用紅柳編製大筐中盛毛石壓迎水堺五里之遙既納河流亦殺水勢於是渠流順軌即

今之四道河新口云

渠口距唐渠口下三十里地勢低下直迎河溜水勢易入口寬三十一丈深七尺五寸渠口築石子雙壩以截引河流兼以禦河水泛漲波濤之沖激壩以下滾水壩又下減水閘或四空或六空每空寬八九尺至一丈不等又下正閘在漢壩堡距渠口十二里閘四空左三空各寬一丈五寸六分右一空寬九尺六寸旁設水表及護岸之壩一切制度均與唐渠同

渠身約分三段由正閘起北至唐鐸橋曰上段長六十五里寬五丈深六七尺由唐鐸橋以下西北至張政橋曰中段長七十五里寬四丈五尺深六七尺由張政橋以下北至王澄堡渠稍曰下段長五十五里寬三丈深五六尺計自正閘至渠稍共長一百九十五里通身橋十九道渠底暗洞五道洩渠西之水東注以入湖其支渠有被惠渠隔斷者則於惠渠架飛槽以渡之計有六道大支

渠十三道陡口四百五十八道灌寧夏寧朔二縣二十一堡田五千六百九十分即三千七百九十七頃今祇溉田一千四百餘頃

支渠　十三道不及十里者未載

水磨渠	在葉昇堡	長二十里
大北渠	在葉昇堡	長十五里
菓子渠	在任春堡	長四十九里三分
瀉渾渠	在王洪堡	長二十三里
南皇渠	在王洪堡	長十九里三分
北皇渠	在王洪堡	長二十五里
大營後渠	在鎮河堡	長二十五里
畢家渠	在金貴堡	長三十里

各陡渠　在金貴堡　長三十里
小營後渠　在金貴堡　長十六里
大高渠　在潘昶堡　長十九里
南毛渠　在潘昶堡　長十九里
北毛渠　在潘昶堡　長二十九里

閘壩　正閘一座計四空上建橋房九間碑亭一座旁房三間減水閘三座曰安定曰平泰曰永寧或爲四空或爲六空　滚水壩一道

暗洞　五處曰林皋暗洞在林皋堡曰唐鐸暗洞在唐鐸堡曰魏信暗洞在魏信堡曰張政暗洞在張政堡曰王澄暗洞在王澄堡

飛槽　漢渠支渠飛槽均跨惠渠而過計有六架另詳惠渠

埽　六道曰石子雙埽晏子埽晏公外河埽銅青埽野虎埽城墻埽

底石　五處正閘下一　龍泉閘一　李俊閘一　王泉閘一　板橋下一
水表　二處正閘一　張政橋一
水手　四十名每名額田一分不征銀兩草束
額夫　四千八百七十二名　又十二日
顏料　渠草十二萬一千八百九十二束　椿九萬二千四百五十七根

王全臣重修漢渠暗洞詩

河流分洩漢唐中雙拖白練舞雙虹唐來西繞蘭山麓漢延綿互唐之東中間萬頃分挹注餘波總向湖中聚羣湖宛轉東歸河漢延隄高截去路古人立法妙有餘地底鑽穴透漢渠就下能消羣湖水彷彿滄溟洩尾閭慨自河遷唐口咽蓄之爲有焉能洩雖然古洞跡猶存一任泥沙久埋滅大清渠開水洋洋迎水堤成勢更狂田間水滿翻爲虐到處泛溢嗟懷襄尋得古洞皆木植支撑渠

底苦無力經營石鑿洞爲三奧若蛟宮不可測石梁潛架邃且幽堅牢穩載渠口流任他灌溉盈溝澮晤把狂瀾細細收老農欣欣喜相告年來鳴蛙產釜竈洞賴我使君修夏不旱兮秋不澇曾聞河源來自天一曲伏流路幾千可使天吳聊小試暫移鰌穴口銀川紛紛行客頻過此驚看渠底水瀰瀰道是策馬歷東陽一滴宮商清入耳使君政瞬可郊行洞側清涼好駐旌爲聽潭洄河中去盡是三渠擊壞聲予也聞之深愧謝工以幸成勞獎借開渠修洞踵先賢但願歲歲宜禾稼

（二）惠農渠

惠農渠一曰黃渠賀蘭山東第四道大渠也自陳俊堡東南開口過龍門橋經寧夏縣治東平羅縣治東至尾閘堡稍入黃河清雍正四年以查漢托護地方膏腴萬頃爲漢唐二渠餘波所不及命侍郎通智寧夏道單疇書相度形勢以

開此渠渠口初在余家嘴花園灣並唐渠而北至平羅西河堡入西河長祇二百里用帑銀三十萬兩乾隆五年地震塌陷復修移渠口於通潤橋九年寧夏府知府改修渠尾至市口堡十年又改口於寧朔縣林皋堡朱家河三十九年河流東徙又改口於剛家嘴與唐渠同時修浚光緒二十七年河流西刷於渠口外設壩二十餘里後屢修屢圮渠工大壞三十一年知府高維喆改道於楊和堡之東今所謂楊河新工者是也

渠口寬二十丈深七尺正閘一座計五空共寬六丈三尺減水閘四座均四空空各寬九尺至一丈一尺垪一道

渠身由正閘起北至渠稍尾閘長二百六十里寬十三丈至尾收至四五丈深一丈二尺至五六尺不等渠稍尾閘一座二空左空寬一丈四尺右空寬一丈二尺五寸渠東築長堤長凡三百二十里以障黃流渠身架橋十一道飛槽六

道均以渡漢渠之水澆惠渠東岸之高地渠底暗洞七處以洩渠西各湖之水以入黃河底石二處用爲春工修浚之標準大支渠十餘道陡口一百三十六道溉寧夏平羅二縣四十九堡田四千五百二十九分半即四千五百二十九頃今衹溉六百餘頃

支渠　十六道小者不計

六墩渠　在六中堡　長十里

泮池渠　在通福堡　長十四里

交濟渠　在交濟堡　長二十五里

仁義渠　在六羊堡　長十五里

隆業渠　在沿河堡　長十里

任吉渠　在沿河堡　長十五里

寶閘渠　在通平堡　長二十里
惠威渠　在惠威堡　長二十五里
小三渠　在長渠堡　長十九里
滚珠渠　在北長渠堡　長十八里六分
官四渠　在渠中堡　長五十里
普潤渠　在西河堡　長十七里
元元渠　在西河堡　長十六里
萬濟渠　在萬寶屯堡　長十五里
永祥渠　在李祥堡　長二十里
黃楊溝稍渠　在河西塞　長十里
閘壩　正閘一座五空上建橋房九間碑亭一座旁房三間旁閘四座曰滌閘

曰建瓴曰平濤曰寧瀾均四空　尾閘一座二空

暗洞　六處洩河西塞以上湖水之不入西河者曰永暢暗洞美利暗洞均在葉昇堡　曰永涵暗洞在任春堡　曰永弘暗洞在王洪堡　曰通知暗洞在楊和堡　曰通寧暗洞在河西寨

飛槽　六架均係引漢渠之水東渡以澆惠農以東高地　葉昇堡水磨渠一　任春堡三水渠一　菓子渠一　王泰堡　南皋渠一　北皋渠一　瀉畢渠一

塀　一道曰將軍塀

底石　二處正閘下一　通濟橋下一

水表　一處正閘附近

水手　四十四名每名撥給靈州營灘廠地一分不征銀兩草束

額夫　三千九百七十二名　又十二日

顏料　渠草八萬七千五百四十九束　椿五萬九千五百八十六根芀苫七千七百八十六束

通智惠農渠碑記

黃河發源於崑崙歷積石經銀川由石嘴而北繞鄂爾多斯六部落入黃甫川逾潼關會泗沂合淮歸海源遠流長而朔方一帶導引灌溉厚享其利焉獨查漢托護地方沃野膏壤因漢唐二渠餘波所不及遂曠爲牧野我皇上軫念寧夏爲邊垂重鎮建新成設將軍領兵駐防特命侍郎臣通知會同督臣岳鐘琪詳細踏勘嗣命臣通知偕侍郎臣單疇書專董是役復揀選在部道府州縣十五員命赴工所分司其事又奏請調取守備官弁武舉等十有二人共勷厥工乃相土宜度形勢以陶家嘴南花家灣爲進水口近在葉昇

堡之東南也黃流自青銅峽口而下支派分流至此滔滔汩汩順流遠引足溉數萬頃之田其渠口石子層累底岸維堅由此而東北遍歷大灘擇地脈伏處開大渠三百里寬十三丈至尾收爲四五丈底深丈三尺以至五六尺不等高者挖之低者培之引入西河尾並歸於黃建進水正閘一曰惠農閘建退水閘三曰永護曰恒通曰萬全節宣吐納進退無虞設永宏永固暗洞二以通上下之交流設彙司暗洞一以接漢渠之餘水正口加幫石囤頭閘堅造石橋則渠源不患冲决特建尾閘以蓄洩之外累石節以鞏固之則渠可以永賴大渠口以東俱引灌大渠水其田勢高處刳木鑿石爲槽以飛渡漢枝渠之水而東之仍不失其依然之迹西坂渠尾以南直抵渠口其西岸不能歸暗洞之水退水特留暗洞之大渠一帶使絕無漲溢之患任春葉昇二堡爲往來孔道正閘覆造橋房旁列數楹爲守者居而爲行者憩建龍王

廟立碑亭以記工程並壯觀瞻沿渠之橋二十有二西河之橋十八行旅往來賴以普濟其支渠四達長七八里以至三四十里者百餘道均作陡口飛槽而戶口人民沿渠又各製小陡口小䧟洞十餘道以相引灌自此溝塍繡錯二萬餘頃良田無不霑足以渠之東循大河涯築長隄三百二十餘里以障黃流泛溢於渠之西疏通西河舊淤二百五十餘里以瀉漢唐兩渠諸湖減水各閘旁建水手房四十二所以司啓閉遍置塘房三十七處稽查邊汛而大渠長隄以至西河兼恃防護渠隄兩岸俱俠植垂楊十萬餘本其盤根可以固䢵岸其取材亦可以供歲修至於東北隅一帶其地尤廣其土尤沃改六羊河爲渠一百一十餘里以佐大渠所不及奏請建縣城二其一在田州塔南爲新渠縣其一在省嵬城西爲寶豐縣立縣令以膺民社設通判以司水利建學校以育人材置營弁以備防汛移市口於石嘴漢夷皆便建城

堡於山後守禦相資茲役也蒙皇上特頒帑銀十六萬兩以爲工匠車船一切物料之用纖微不累於民肇始於丙午之孟秋工竣於己酉之仲夏向之曠土今爲樂郊復蒙皇恩廣被又頒帑銀十五萬兩以爲招徠戶口恒產耕種之資由是億兆歡呼爭先趨附闢田園葺廬舍犁雲遍野麥浪盈疇勤耕鑿者歌帝力安隴畝頌高深奏之九重錫以嘉名曰惠農渠遐陬赤子盡戴光天邊塞黎民欣逢化日誠國家萬年之基而民生世享之利也爰立石而爲之記

（二）昌潤渠

昌潤渠者賀蘭山東第五道大渠也自寧夏縣通吉堡開口北至平羅縣永屏堡與惠農渠同時開浚初爲惠農渠支渠地居惠渠之末到水甚少不敷澆灌乾隆五年又經地震塌陷廢壞後於平羅縣通富堡另開一口納水甚微又移

上至通義堡開口仍無濟三十年寧夏府知府張爲旃詳准受水民戶自備夫料另由寧夏縣通吉堡溜山子開口四十三年嘉慶十七年二十一年道光四年均重修

渠口正閘一座五空減水閘四座均五空由正閘起至渠稍長一百三十六里寬七丈至稍收爲三丈深三四尺至七尺分水閘一座二空分水以入旁渠支渠二十餘道陡口一百十三道灌平羅埂外田一千六百九十七分半即一千六百九十七頃今祇灌二百餘頃

支渠

暗洞渠　長十五里

克家渠　長十五里

宋家渠　長十二里

渠名	長度
永惠渠	長十五里
孟家渠	長十里
官三渠	長十七里
穆家渠	長十五里
貼五渠	長十六里
田家渠	長十五里
西邊渠	長十里
白茨渠	長十里
天生渠	長十里
西官渠	長十二里
貼六渠	長十二里

小六渠　長十里

五大支渠　長十里

西七渠　長十三里

閘壩　正閘一座五空碑亭一座　減水閘四座曰裕昌曰福昌曰靜瀾曰平坡均五空　分水閘一座二空

水手　二名　每名給額田五十畝不征銀兩草束

額夫　二千二百五十九名

顏料　渠草四萬九千六百九十六束　椿三萬三千八百八十五根　芗苫四千五百十八束

通智昌潤渠碑記

雍正四年通智單疇書會督臣岳鍾琪經營查漢托護地方開大渠以資灌

漑築長堤以障狂瀾易畜牧爲桑麻者三百餘里但大渠之東南隅灘形廣闊水難遍及有黄河之支渠名六羊河者口形如列指泝游數里復合爲一迤邐而北經大小方墩越葫蘆細歷省嵬城而仍歸於大河沃野腴壤綿亘百餘里因迤黑龍灣而西故水勢順下漫無停蓄不能引之灘中河之下流遂淤率諸執事循其已然之跡順其勢而導之凡堺岸之傾圮者培之使平河流之淤塞者濬之使通爰於渠口建正閘一曰昌潤閘外設退水閘曰清安使水有所瀉以備歲修堵口也內設退水閘曰清暢使水有所分以殺湍流漲溢也相宜地制分列支渠二十餘道中多高壤不能盡達復設逼水閘曰永惠永潤永屏東之使其勢昂而盈科而進仍其故道以入於河諸閘既建俱跨橋以通耕牧往來正閘之上覆以橋房其旁則立有龍王廟碑記亭渠兩旁俱插柳秧資其根力以固堺岸自此啟閉以時蓄洩有方而大渠以

東遂無不溉之田矣定名曰昌潤渠以昭示來茲重之永久是役也用以仰副我皇上仁育萬物無遠弗屆之至意渠之兩旁良田萬頃比戶千家白叟黃童均霑惠澤靑山綠水悉戴鴻慈誠盛世之遠謀而萬年之樂利云

又工竣七律二首

黃河別派六羊通石閘巍然跨彩虹激其衆流增浪力引開渠水灌田功川輝源潤千村聚野綠禾靑一望同從此遐荒歡鼓腹羣歌大有慰宸衷

作廿稼穡潤黎民西陜年來奉使頻力竭駑駘酬主德普沾雨露戴皇仁昭回人物山川舊吐納洪波氣象深共慶恩膏貽樂利銀疆北鄙萬年春

單疇書詩

水利勞宸念恩膏洽朔方九重親指受羣力共勵勤疏濬引川澤經營駕漢唐碧雲輝豊月綠柳臥橫塘星宿來千里陰精劈六羊溝渠皆滾滾挹注盡

洋洋原隰初成界南東細畫疆籌車盈畎畝士女樂倉相睿慮周荒服斯民迪永康敢言如吏白豐豫賴天王

又單疇書詩

闢土逶迤三百里建閘開渠跨諸美告成先濬六羊工導流吸引黃河水黃河之水遠且長漑田灌畝法爲良奔流直下疾如駛蟠龍一束十丈昂晝夜波濤聲浩浩勢急閘門濺飛瀑旁通支派悉分流膏腴萬頃徹西徼繡壤如雲稼更多萬家沾足澤滂沱即今荒服易康衢聖治應比唐虞過

郡人吳復安言渠務利弊書

甯夏古朔方郡地雜沙漠居民鮮少舊屬鹹鹵不毛之區耳自水利肇興開渠引流灌田數千萬頃居民利賴遂變斥鹵爲沃壤此所以有天下黃河富甯夏之諺也然渠工之利既興而治渠之方不可不備於是設有委員首事

以董其事設爲委管渠長以分其責其催徵壩料也則有書差其購買物料也則有採買懼其水勢之時漲時落也設爲閘壩以蓄洩之懼其上下流之澆灌不均也設爲封俵之法以調劑之又懼其歲久淤塞而衝刷也每歲又派夫料以修濬之前人之設法可謂曲詳且盡矣無如沿習既久上下視爲具文司事者不能實心任事精勤以圖治而局員與局紳亦祇奉行故事敷衍了局甚則反因以爲利遂至上慢下欺弊端百出日甚一日積重難返昔謂黃河獨利於寧夏者而茲之民困也實甚謹舉渠務之積弊約畧言之一曰冗費之弊向例督辦渠務特設水利同知以專其責自各渠改設委員以來渠工之費愈大而弊愈甚其名目有提調委員稽核委員查點委員封稍委員正辦委員之外又有帮辦委員本局書差之外又有總局書差員愈多而愈費差愈繁而愈累其實於渠工有何裨益不過藉以分潤而已每歲興

修各員車駕所至事事供張跟隨各役均有規費官吏取之於委員委員又取於民夫層層剝蝕何所底止至於各渠罰夫底子兩項每年所收爲數不貲名爲存公以備修補各渠之用究亦耗費無何有之鄉矣一曰購料之弊每年各渠估計物料錢均在數千串之外其歸工實用者不及其半而其半盡隱折分肥如各渠每年本色草束均按畝科派除輸交渠口之外其餘强行折價加倍徵收一任委員首事東塗西抹以供無名之費每年各渠迎水垪滾水壩估計毛石或六七十船或百餘船不等其入水實用者甚屬寥寥不過借堵壓之名爲侵魚之計其他各種顏料若石灰柳椿芀苦閘木均皆估多而用少至於發給物料錢委員有分中之折扣有分外之需索以萬民之脂膏供一二人之揮霍良可惜已一曰修濬之弊夫以渠身疏通則水自流暢渠垪高堅則潰決無虞委員於春工時視爲利藪故狡猾之攬頭預將

民夫包攬在身至各工賄通委管爲之隱飾平常祇是敷衍了事一遇官吏查點非顧名以應役即指鹿以爲馬其所應役之夫除伙頭相夫不任事之外認眞出力者能有幾人哉而各工段草埽各堡渠長購買原不足數值用柴之時不過總管爲之包庇粉飾而已是夫不足而渠身安能疏通料不足而摒岸安能高堅所以一遇水勢浩大即不免有潰決之虞矣一曰封水之弊漢唐二渠綿亘數百里非嚴封不能達稍故有自下而上之說當封水之時號令煌煌吏役得假聲勢到處嚴封各支流陡口名爲逼水到稍實在封閉愈嚴水價愈昂而上中段田苗值澆灌之期小民望水若渴欲私放而不敢欲聽旱而不忍勢不得不納賄於吏役稍求餘澤凡各渠大小口道均有規費故民間有有錢有水無錢無水之謠若規費不備雖有有餘之水藉口稍結未得故爲嚴閉不能得及時之潤是封水各役又爲小民附骨之疽矣

司事者於其嚴封實開吏役盜買之門何如封俵兼行使上下均得潤其澤也一曰報銷之弊各渠委管於工浚報銷之時故爲遲延多候時日凡誤名夫戶有賂託者即削其名無賂託者始塡於册至底無可待然後造册轉於房書而房書又爲之移星換斗挪首摘尾凡奇零之數房書又從而朘削之一册之呈案不知經幾番剝蝕矣至若通渠費項値歲終報銷之時首事多方補苴百計彌縫以期塞白而已其有費出無名難以列報者委員又爲指導以明之多方以飾之其浮冒之弊更不堪言矣一曰估工之弊渠水之淘刷原自無定工程之險易亦遞爲變遷司其事者必親趾查勘然後知何者爲要工何者爲平工今徒於歲終估工之時傳集衆紳憑空臆度聚訟盈庭莫衷一是故有要工應加夫料而反減者平工應減夫料而反增者險夷不均貽誤非淺至若派充春工委管不問客之何能惟以情面是狥舉保各渠

首事不問人之諳練與否惟以賄賂是尙一首事之派委幾非百餘金不能達到目的旣以財進身豈能以廉律己種種弊端幾於罄竹難書矣夫渠工民命攸關其任不可謂不巨矣小民每年出夫出料其賦不可謂不重矣一遇冲決近者被災遠者告旱旣勞其民又傷其財如彼涸轍之鮒未得涓涓之潤而反索之枯魚之肆以有盡之民膏塡無窮之谿壑良可悲憫是渠工之法壞至今日而已極渠工之積弊至今日而更甚欲剔除而整理之是不能不有望於負渠務之責者

五大渠之外又有滂渠初爲昌潤渠之支渠由分水閘分昌潤渠水道光五年改口自溫家橋接黃河之流至東永潤堡中閘子又復分兩稍至渠陽堡共長六十里灌渠口等堡田四百四十四分又有河溝官渠河溝西渠天水渠皆小渠也與旁渠區域及廠地合計今約一千餘頃昔爲五千七百八頃渠由民間

自修

綜計五大渠在昔溉地一萬六千二十五頃額夫一萬八千六百八十名即五萬六千零四工渠草芟苫四十二萬三千八百二十一束樁三十萬四千九百五十一根今溉五千餘頃派夫徵料初無一定每年由委員到工估計分別支配就事理言之五千頃之地決不應仍照一萬六千頃之地徵派夫料渠工之所以日壞其主因也

按寗夏地勢西南高而東北下古人因地之利開渠引水溉地數萬頃其利溥矣在昔水利工程之學未見昌明而古人經畫具見匠心各渠正閘是爲一渠咽喉要道度澆灌區域之大小定閘門之廣狹雖無當於水理算式要亦不甚相遠旁設水表勻刻分劃其外有減水閘以時驗水表水面所至之分劃啓閉減閘以洩其有餘而補其不足設水手以爲司理使無太過不及之弊至如惠

農渠東岸地高不能引惠農渠之水則於渠上架飛槽以漢渠之水以接濟之惠渠西岸低地漢渠溉地餘水積澇難除則於惠農之底設暗洞以分洩之補偏救弊煞費苦心而唐渠之口直衝峽溜清渠之跳橫障河心漢渠之減水閘宣洩便利惠農渠之渠身齊整水流暢通相傳爲四大特色而春工修竣徵料派夫及灌溉田園按輪封俵各有條規相傳永久法至完備惜相沿日久百弊叢生（見郡人吳復言渠務利病書）日甚一日以致春工挑浚不盡所淤詢之土人不見底石已數十年矣即如唐渠西門橋水表二十年之前尚係七分行水九分旺水今渠底已淤至水表十分每分以五寸計渠底淤墊高於底石已五尺矣他渠亦然就現在渠口納水之量約略計算雖不足以供二萬頃之需然亦不祇萬頃乃以渠身墊高不能容受所入之水旋從減閘退出到地甚少額地五千頃猶患旱也（近年以來唐渠附近之地多患旱）夫以二萬方里之地域一千里之幹渠溉田區區養

民亦不過十三萬昔所謂黃河富寧夏今僅虛存其說矣

從前渠道由水利同知專司其責尙能履行規章歲時修洗自同知裁撤後改歸寧夏道兼辦各渠務局長則委之科員而道署科員大都長於行政初無水利工程之思想以之辦理渠工是以渠工大壞現在寧夏道陳道尹必淮牧靈州時曾於青銅峽下秦漢二渠之旁臨河建築石堤頗著成績繼升道尹兼辦渠工使下車伊始即著手整理掃除積習在今日之渠工亦不至廢壞至此渠曾計劃擬於青銅峽建一鐵閘逼水入唐渠轉注於其他各渠而閉塞其他渠口俾唐渠爲一總口取水面抬高流勢自暢是可整理計劃之一然渠身淤淺亦須大事疏通支渠陡口之洩量須與正渠比例分配調勻水速以減冲刷淤澄之力保持渠身之常度而管理渠務尤宜愼選廉明於水利工程之學有經驗者爲之書差役吏種種積弊永遠革除重整規章實行遵守方有起色否則

積習相沿渠工之壞不知伊於胡底矣

氣候

河套範圍內惟甯夏開闢較早村落密布樹木葱鬱上下之氣暢通故氣候亦稍溫和惟霜期較早麥稻米穀高粱之屬皆春種秋收歲穫一次夏季天氣炎熱略同內地最熱時溫氣升至九十六度雨澤稀少非藉灌溉不能種植秋分以後時有嚴霜立冬前後冰結至次年春分解凍通常冰期爲一百二十日冬季嚴寒溫度平均在二十度左右云

果樹有桃李之屬今歲陰歷四月猶降霜花蕊被損結實無多其天氣不時亦農事之障碍也此等特別霜災幸非年年如是耳

物產

農產以稻穈爲大宗小麥胡麻次之米粒較細而灰質多不及江南所產然在

中國西北不可謂非農產之特色也每歲船駝並運行銷包頭綏遠山西陝西一帶爲數甚鉅

村墟間林木甚多大抵皆楊柳之屬青楊圓細而高昂矗立空際高者至七八丈惟賀蘭山延袤三百餘里童山濯濯宜林之地任其荒棄爲可惜耳

藥材多甘草柴胡肉蓯蓉黃柏黃蓍之屬甘草遍地皆是每歲運往包頭托城等處各四五百船北方各省胥仰給焉所產柴胡名爲銀柴胡爲柴胡中之最佳品肉蓯蓉產於平羅以北阿拉善地其狀若魚而無苗土人視土墳起則取得之每斤約洋一元畜產以羊爲大宗牛馬駝次之其羊皮毛細而輭俗謂之攤羊爲羊種之最佳者每歲出口不可勝計徧行內地各省近歲有英商於石嘴子設洋行數處專於收買皮毛運至口岸製造毛布等貨亦因其物美價廉故爲外人所攘取耳

礦產以炭爲最多石喇叭山鎮遠關等處已有人開採以交通不便運銷未暢近山之處到處皆炭土人坎地數尺任意取攜用盡則復掘之大有不盡不竭之勢賀蘭山後出硯石俗謂賀蘭端溫潤不減端硯

產鹽以花馬池爲最佳鹽色純白天然生長不假煮晒池底有鹽母生土中粒粒正方徑三四分平羅北偏百里阿拉善境內有堿湖周三十餘里舊歷十月以後天然結晶厚約尺餘每歲出百萬餘斤行銷陜甘山西綏遠一帶石嘴子鄭萬福君之所經理也

商務

出口貨以羊皮羊毛米麥爲大宗據最近調查每歲船駝並運至達六百七十萬斤之多入口貨布疋洋貨等爲數亦甚鉅石嘴子橫城堡兩碼頭裝卸貨物之舟停泊者動逾數百寗夏城內街市宏敞大商店百餘家惜貨物不甚周備

較之綏遠包頭尚遜一籌幣制以銀兩爲本位輔以制錢周轉不便近日甘省分設一官銀號銀幣可漸次流通普通食品價値與內地不相上下布疋及洋貨船來之品値抵內地約二倍有零大抵土產原料最賤一經製造必獲數倍之利

交通

甯夏與內地交通多取道包頭自甯夏至包頭黃河柳船有八百餘隻乘舟順水須七日逆水三十日甯夏碼頭在橫城堡去城約三十里包頭碼頭在南海子去城十五里

河內有汽船一艘名曰飛龍法人某倡設者專走寧夏包頭下至河口以搭行客惟不能載貨又有甘肅軍署汽船二艘一名探源一名摩斗專備軍事需用者也汽船吃水較深尤易擱淺蓋河套黃河大溜迴環曲折略無一定寬數里

之河面而中泓不過二三十丈餘皆枝汊深淺不一稍有不愼淺阻立至說者謂可於沿河河溜設木標以爲行船之準的而大水一過河溜倏變終慮徒勞無功軍署汽船經理方君謂現下甘肅大員擬上呈政府撥款十萬元疏浚河道是否成爲事實尚未敢必即使得行而黃河沙量太多旋浚旋淤亦未見其果能收效是宜僱精於水勢之水手擇溜而行不至駛近淺處尚屬操劵之勝算也（按黃河駕駛下行最易若上行須擇流勢迅急水色混濁通身無二是爲正流若水勢稍緩水色現有清濁相雜之痕跡斯係上游淤淺雖深至尋丈亦不可行老於行船者能察水面波紋色澤而知流路通塞）陸路則乘駝中經鄂爾多斯至包頭重載半月輕載十天車亦能行但須繞道詳見後編至於寗夏以上至蘭州陸路車駝重載半月輕載十二天水道則祗軍署汽船可以上達民船則否然自蘭州下行亦可用船但經過靑銅峽則不復反矣故下行貨物多用筏子以代舟楫筏子用全身牛皮或羊皮爲之盛物與內連合多數結成之名爲筏子將貨物運

至消行地點原用皮筏即拆裝用駝載以歸甚爲輕便其交通艱阻有如此者近有吳君議集資二萬五千兩仿西比利亞抬車之制試行開辦其車四輪上輕下重沿途設站站畜騾馬抬車至站則易馬以行每晝夜可行三百里預計自寗夏至豐鎮六日可至以寗夏出口貨六百七十萬斤以每車載九百斤計之每日平均須開抬車二十輛現尚在籌備中果能實行於西北交通較爲便利然以寗夏扼西口之要衝號曰四塞之腴壤北臨蒙古南接平凉西連甘肅東達延綏地形之險出產之富他日邊釁發達商賈往來其交通之盛豈僅此區區數十抬車而已哉

後套區域

沿革及歷史

後套漢朔方郡地史記秦始皇使蒙恬將三十萬衆畧取河南地因河爲塞築

四十四縣徙民實之後諸侯叛秦匈奴復渡河南至漢武帝用衛靑再逐匈奴遂以河南地爲朔方郡於朔方西河皆引河灌田水經注河水又北屈南河出焉又北迤西溢於窳渾縣故城東其水積而爲屠申澤河水又屈而東流爲北河東經高闕南又東逕臨河縣故城北又東逕陽山南又南屈逕河目縣北河又南合南河南河上承西河東逕臨戎縣故城北又東逕臨河縣南又東逕廣牧縣故城北逕流二百許里東會於河以今地里考之北河即五加河北河南河之間即後套也晋義熙後弃在境外後魏爲夏州北境隋置豐州後改爲五原郡唐於河北築三受降城此爲中受降城地開元中移安北都護府於中城置屯田五代及宋金皆爲西夏所有明嘉靖中爲蒙古所據是爲鄂爾多斯延及有清遂爲達拉特杭錦二旂北境其在河北者則爲烏拉特西公旂之南境乾隆以後山陝貧民日以西漸租種蒙地人民漸衆至光緒朝始設五原廳今

爲五原縣隸綏遠特别區域設縣治於隆興長

地區

後套在前套之北初由漢人出塞至河套後輾轉外徙故以先至之地爲前套後至之地爲後套如今人言大青山之北爲後山即此意其地南起黄河北盡狼山東起烏拉山西至阿拉善部東境東西長四百里南北廣百里計面積約四萬方里地勢西南高東北漸低且多湖蕩決渠引水形勢自然土性粘軟審係晚近出水之地以理推之似經地震塌陷淪爲水澤後北河斷絶水勢南趨河流迅捷地復涸出

河道　接寧夏河道

又東偏北經義和渠口土城子南　河水過烏拉河入杭錦旂境北流經楊家河黄圖拉亥河鹽鎖爾渠纏金渠十大古渠魏楊渠其右岸爲紅水聏又東北

經强家渠其右岸查漢庫倫又東北土默渠剛目渠協成渠又東過馬覔兎渡口又東灶火渠黄家渠河水至此枝分二派南派較盛北派行將就淤又東郞家渠阿善渠沙河渠均從北派决出又東至惠德成與南派合而東北流至義和渠口土城子南其右岸二皮子河頭河長凡三百五里北去五原縣治七十里

又東偏南至西山嘴　河水過土城子屈向東南流歷老郭渠長勝渠塔布渠又屈曲東流過同興堂渡口其右岸𡐨諾爾又東洋人渠達拉渠入達拉特旂境又東南至西山嘴其右岸大仙廟河長凡一百五十里

按河水自烏拉河口起至西山嘴總方向爲東偏北十度河長凡四百五十五里寬一里至七八里深三尺至一丈五六尺計由惠德成以下百餘里間河流枝分如織所在淺灘號曰波河舟行苦之西山嘴當古大河分而復合

之處爲後套三呼灣二區宣節水量重要關鍵
又按水經注云又北屈南河出焉又云又東經臨河縣南又東逕廣牧縣故城北逕流二百許里東會於河今實地考查自烏拉河口至西山嘴河道即古南河是也又按水經注云北迤西溢於窳渾縣故城東其水積爲屠申澤河水又屈而東流爲北河東經高闕南又東逕臨河縣故城北又東逕陽山南又南屈逕河目縣北河又南合南河實地考查即今五加河其下游已於道光中淤斷與大河不通屠申澤即騰格里湖已成陸地五加河即古北河也

墾務

後套地層純由黄河積淤而成平衍肥沃微帶堿性得水灌溉則疏落如鷄糞種殖豐茂不得水則堅成石田地勢南高於北者約五公尺故後套北部皆在

黄河水面以下决渠引水其勢順利無須水車桔橰之勞自入田中此天然之水利也

在昔斯地淪入蒙族僅爲游牧之場自土默特同化後山陝北部貧民日以西漸移居後套租種蒙地蒙人樂得其利相安已久後復引渠灌溉用墾地之收入以贍工人之資給父死子繼迭爲經營一渠之成費時動數十年於是幹渠支渠脈絡縱横田畝灌溉實利賴焉各大地商之財雄一方實以心力盡瘁得來其創闢之功亦未可泯也

清光緒二十九年貽穀奉命開墾各旗墾地一律歸公各地商既失地權渠道自難據爲己有因先後報效公家亦因舊渠而修之所有渠地招戶墾種設局置官以任征收自光緒三十年以後陸續丈放後套一區共計墾地九千七百九頃兹將各地分述之

達旗永租地　達旗報墾時不肯推讓所有權地仍蒙地由墾局任便開渠招戶承種渠至何處即墾至何處不徵荒價惟課歲租所收租銀公家與蒙旗以一定之比例配分之謂之永租地光緒二十九年該旗初報墾時由西盟墾務局濬渠招租並詳定征租章程按地之肥瘠區分等則上地每頃年納租金四十兩上次地三十兩中地二十五兩下地二十兩所收租銀提取二成作爲渠工經費其餘分爲十成以七成歸公三成歸蒙三十一年復規定於二成渠費之外另提綏遠將軍歸化城副都統公費銀三千六百兩其餘仍按十成分劈蒙三我七至每年租地之多寡全視河水之大小爲定衡河水暢旺之年澆地多則租地自多河水淺小之年澆地少則租地亦少計自永租以來惟光緒三十三年河水至大租地三千一百二十二頃五十一畝應徵租銀九萬五千九百八十九兩其餘不過千餘頃及兩千頃左右宣統二年議改短租爲永租幹

渠由官修理支渠則官督民修租價量予核減至民國元年始定永租章程凡租户認領以五年爲限幹支各渠均歸民户自行修理永租地暫以二千頃爲定額每頃歲納租銀十五兩計收入共三萬兩

四成補地　初包頭附近自黄河改道於北岸涸出田地一段達拉特土默特兩旗各欲據爲已有相争不決經前清欽差大臣貽穀勘斷以六成歸土默特以四成歸達拉特於是歸土默特者名曰六成地歸達拉特者名曰四成地光緒二十八年達旗因教案賠款無力籌措願以四成地二千頃撥歸公家放懇每頃價七十兩後派員勘丈僅一千二百二十五頃二十二畝不足二千頃之數（此地屬薩拉齊縣）達旗允將後套長勝渠口附近地撥補故又有四成補地之名當以該地渠道未修莫能溉種而開渠引水需費至鉅若仍照四成地數核價則公家不堪其累乃飭令該旗加增地數該旗乃即允補一千四百頃

光緒三十一年派員勘丈計放出淨地一千四百二十頃價分四等上地每頃百兩上次地九十五兩中地九十兩中次地八十五兩計畝收價應共得庫平銀一十三萬五千二百三十四兩有奇租分三等上地每畝歲徵二分二釐中地一分八釐下地一分四釐計徵歲租二千八百一十二兩有奇此項歲租全係正供並不分給蒙旗

五原城基地　五原城基地在沙河義和二渠之間長寬各十里係達拉特旗報効之地民國以來陸續丈放計地五百四十頃現存二十餘號尚無領主每頃價二十兩至六十兩用沙河渠水

杭錦旗　杭旗放墾辦法屢變在該旗報地之初原議照達旗辦理永租不放所收地租提取渠費二成外蒙五我五嗣復議定每歲包納杭旗租銀六千兩公費三千兩澆地多寡蒙人不得過問地租悉數歸公此議尚未實行旋於光

緒三十一年徇杭旗之請以杭地四千頃歸墾務公司承領改徵押荒并收歲租此項地畝未放出之前由公司租給民戶承種徵收短租每年每頃自三十八兩至二十兩不等後分作數次丈放每次丈出上中下地押荒歲租三等各有不同其大致則渠地押荒每頃自一百兩至七十兩歲租每畝自二分二釐至一分四釐旱地押荒每頃自五十兩至十兩歲租每畝自一分六釐至一分不等所收荒價及歲租皆提取二成渠費餘以一半歸蒙一半歸公其渠地需達旗永租地渠水澆灌者原例每年每頃收渠費銀四兩五錢宣統三年改定每年每頃祇攤交水利經費一兩二錢凡未經澆灌之地免徵查前後共放渠地二千八百三十九頃五十畝旱地一千一百七十八頃五十三畝共計放渠地旱地四千一十八頃三畝應徵荒價三十萬五千二百七十二兩有奇應徵歲租六千八百二十六兩有奇

烏拉特前旗墾地　烏拉特前旗亦稱西公旗所報後套渠地凡二段一爲什拉胡魯素一爲紅們圖兩地接壤俱在五加河東流南折之東岸用義和渠水灌溉故舊制義和渠爲西公旗之專渠上游不得作壩截水自光緒三十四年陸續丈放計放出渠地一千六百七十八頃七十四畝因地質肥瘠不同所徵地價每頃自一百二十兩至九十兩歲租每畝自二分至一分二釐原例每頃歲收渠租銀四兩五錢民國元年一律改令每年每畝攤交水利經費銀一兩二錢嗣於民國元年續放旱地五十二頃一十三畝每頃荒價自五十兩至二十兩歲租每畝自一分六釐至一分計前後共放渠地旱地約一千七百三十一頃應徵荒價一十八萬二千零二十五兩歲租三千零五十五兩有奇

以上後套區域已墾之地共爲九千七百九頃合計應徵荒價六十二萬二千五百三十一兩年徵歲租應得四萬二千六百九十三兩然民國以來渠道淤

塞水不敷用墾地逐漸荒蕪及民國五年澆地僅五千頃六年減至四千頃七年又減至三千五百頃以致應徵歲租略有拖欠難予清釐

又按後套一區東西四百里南北百里面積約四萬方里計田二十萬頃去其荒堿砂磧不毛之地可耕之田有五萬頃之多現墾者九千七百九頃內有二千頃爲永租地除已升科之地外尚有膏腴之地四萬二千餘頃

後套冬季早寒農田耕穫年祇一季雖小麥之屬亦皆春種秋收然亦可別爲夏田秋田二種種割時期較寗夏均晚一節惟秋田收割仍在秋分蓋秋分以後時有嚴霜爲禾稼枯落之季候至於五穀種類除秈麥外均與寗夏相同另表詳之

種植之手續年前浸灌冬水以待來春播種謂之夏田不得冬水者俟春水澆灌不得春水則俟夏至以前之夏水澆灌方能播種謂之秋田田禾每歲需水

之期約可別爲四次清明前後河冰初解得水爲春水澆地以種早期秋田夏至前得水爲熱水澆地以種晚期秋田夏田禾苗生長亦及時需用熱水灌溉小暑大暑得水爲伏水除澆灌秋田禾苗外餘悉放入湖蕩未種之地以爲次年春種之準備蓋後套中部窪下之地昔皆湖蕩（蒙古曰諾爾）自河勢南遷涸成田地土質多堿且叢生蘆荻非伏水不足以殺其堿性及蘆荻也但此種田地一經伏水澆灌來年種植雖一歲不再得水亦可照常收穫故後套湖蕩之地澆灌以伏水爲最要其餘未經灌遍之地須待冬水補澆始可爲夏田至於禾稼生長之期及澆灌需水之厚度亦略與寧夏相等但湖蕩澆灌伏水厚須四五尺云

後套糧產表如次

穀類	每畝產額中數	每石價值中數	每畝種籽	耕種節期	收割節期	播種方法

大麥	一、二石	三、〇元	八升	清明後	大暑	抄
小麥	一、〇	七、〇	五	仝	大暑後	抄
柚麥	一、〇	五、〇	五	仝	立秋	抄
豌豆	一、〇	六、五	七	仝	大暑	抄
扁豆	〇、四	七、〇	三	仝	小暑	抄撒
蚕豆	一、〇	六、五	八	仝	大暑	抄
胡麻	〇、八	七、〇	一	谷雨後	立秋	撒
糜子	一、八	三、五	一	谷雨後 夏至前後	處暑 秋分	撒
穀子	一、八	四、〇	一	谷雨前後 夏至前後	處暑 秋分	撒
高粱	一、二	四、五	三	小滿前後	秋分	撒
綠豆	一、〇	七、〇	四	夏至前後	白露	抄

青豆	一、〇	七、〇	五	芒種前後	秋分	抄
馬鈴薯	二、八袋	〇、三	一	夏至前後	秋分	抄
蕎麥	一、〇	四、五	四	大暑前	秋分	抄撒

按後套墾務情形已略如上述今就實地考查可墾之地確有四萬二千餘頃茲將墾闢後之利益預算於次

一荒價約五百五十七萬餘元

查後套舊日地價每頃多則百二十兩少則八十兩渠工經費不在內彼時邊地荒涼人跡罕至不能不賤價以招徠今由公家規畫渠工自應於地價內增收渠費茲擬準最近三呼灣放墾之例減成計算定爲每頃二百五十元除擬劃二萬頃爲兵墾不計荒價外計如上數

二賦稅一百二十六萬八千餘元

查後套徵租舊例每畝雖祇徵銀二三分而例外規費每頃往往用至二三十兩人民不堪其累今擬定每畝賦稅連渠費共征三角計如上數

三糧產約二百五十三萬餘石

查後套產穀之量每畝少則數斗多則一石數斗今約以中數再除種去殼以淨熟計每畝平均產穀六斗共產如上數用濟民食可供一百六十萬人之需計值則二千萬元

四殖民四十二萬人

墾闢地畝如前數以二夫種一頃每夫連室家五人計之共殖民如上數

以上四端僅舉概略其他邊防河務商業交通等附帶受益之處當亦不少

附洋人教堂地

內地人之至後套自乾隆時始至道光咸豐間所聚愈多開渠墾地幾爲各地

商之殖民地自貽縠奉命放墾奪所墾之地悉歸於公而額定蒙租又不以時給蒙漢皆反抗之貽被參後繼之者多沿其成法橫征暴斂多方誅求民力不支往往弃地而逃天主教徒乘機竄入後套隨意佔種適有教案發生勒令蒙旂賠款遂於後套西偏割與賠教地二千頃其實且過萬頃教士又復逐漸伸張私向蒙人租種延至黄河西岸阿拉善地三聖公一帶於是黄楊木頭以西南北二百餘里東西百餘里之間皆入洋人之勢力範圍瀕黄西岸有支渠十餘道歲歲挑修水勢頗旺不似後套他渠任其淤廢也其所墾地數不可考然觀其土地平沃渠道縱橫教堂四周樹木葱鬱靄然有富庶氣象其教主之權力甚大蒙王亦俯首聽命儼然一小獨立國焉噫中國膏腴之地不自墾闢而淪爲外人之殖民地若不及時整理則洋人之勢力漸以擴張西北一隅其能長保乎

渠工

後套界於黃河五加河之間地屬杭錦達拉特二旗北部及烏拉特南部土地平沃西南高而東北下開渠引水形勢頗順在昔蒙族占據不過爲游牧之場清乾隆間漢族之捕魚者足跡至此得地於近河處用桔槔取水試行種植大獲其利自土默特同化後漢族之來者日衆初亦不過擇不甚畏旱之地播種以爲餬口之計非若寧夏一區自漢唐以來素以引渠溉田著稱者也至道光三十年河溢北岸決成一河名曰塔布河其水自行地中水過之處皆成膏腴所在漁人逐漸墾植歲收數倍於是來套種地者始仿行開渠如甄玉侯應奎郭敏修王同春輩父子相繼親友共營一渠之成或需時至數十年糜款至十餘萬然能持以毅力卒開大幹渠九道（後淤一道）小幹渠二十餘道而已成之渠又必每歲深浚其身厚培其岸故流益充暢漸至溉田千百頃厥功亦甚

偉矣光緒二十九年貽穀督辦墾務各地戶知地既歸公渠道亦難據爲已有遂先後呈請報効貽穀派員勘收並估計工程集夫疏浚酌加寬深以暢水流添鑿支渠以分水勢而後套渠道之利遂與甯夏爭衡矣

八大幹渠第一永濟渠（即纏金渠）位於上游次剛目渠次豐濟渠（即中和渠終亦即協成渠）次沙河渠（即永河渠）次義和渠次通濟渠（即老郭渠）次長勝渠（即長濟渠）次塔布渠各渠口與黃河斜交自西南而東北灌溉杭錦達拉特二旗地杭受其源達承其委惟義和一渠則沿五加河輸注於烏拉特前旗什拉胡魯素之一部民國元年規定達旗永租章程以八大幹渠分澆達旗永租地二千頃令各租戶自行包修租照載明各渠長寬深度倘有淤澄罰令賠修他如四成補地杭旗粮地烏旗粮地有需達旗永租地渠水澆灌者每頃每年攤繳水利經費銀一兩二錢茲將各渠分述如左

永濟渠　原名纏金渠係地商甄玉所開貽穀任内發帑重修在各渠中以此渠施工爲最多改名永濟渠口當黄河北流東折之衝形勢頗順自黄河渠口起至五加河渠稍止計長一百六十里爲後套最大之渠水溜亦最旺其幹流曰永濟舊東渠外有大支渠五道曰舊東渠西稍樂善堂渠西大渠中子渠新東渠共溉達旗永租地七百七十一頃其長寬深度全渠計分爲四段

第一段長一萬四千四百丈口底均寬四丈八尺深五尺五寸

第二段長一萬八百丈口底均寬三丈深四尺

第三段長一千四百四十丈口底均寬二丈深三尺

第四段長二千一百六十丈口底均寬一丈八尺深三尺

以上四段共長二萬八千八百丈計合一百六十里

剛目渠　一名剛目河渠口在纏金渠口下六十里其稍至祥太魁而止不入

五加河計長七十里在八大幹渠中爲最短溉達旗永租地一百五十五頃其長寬深度全渠計分爲三段

第一段長三千六百丈口底均寬三丈深四尺五寸

第二段長五千四百丈口底均寬二丈深三尺五寸

第三段長三千六百丈口底均寬一丈八尺深三尺

以上三段共長一萬二千六百丈計合七十里

豐濟渠　原名中和渠係地商王同春所報開於光緒二十六年貽穀任內發帑重修渠口在剛目渠口下五里稍入五加河共長九十里溉達旗永租地三百一十五頃其長寬深度計分三段

第一段長七千二百丈口底均寬三丈六尺深五尺

第二段長五千四百丈口底均寬三丈深四尺

第三段長三千六百丈口底均寬二丈二尺深三尺

以上三段共長一萬六千二百丈計合九十里

沙河渠　亦名永和渠亦係王同春所報貽穀任内發帑重修渠口在中和渠口下七十五里由渠口東北行過五原縣城西偏而入五加河長八十五里半溉達旗永租地二百七十頃五原城基地五百餘頃亦借此渠澆灌其長寬深度計分爲六段

第一段長六十丈口寬四丈四尺底寬三丈八尺深七尺

第二段長一千四百四十丈口寬五丈底寬四丈四尺深二尺五寸

第三段長一千一百零四丈口寬五丈底寬四丈四尺深四尺

第四段長六千零七十二丈口寬五丈底寬四丈四尺深四尺五寸

第五段長四千三百五十六丈口寬四丈底寬三丈四尺深四尺

第六段長二千一百一十二丈口寬二丈四尺底寬二丈深三尺

以上六段共長一萬五千一百四十四丈計合八十五里半

義和渠　亦屬王同春所報開於光緒十五年至光緒二十年舊口淤塞另改新口貽穀任內發帑重修渠口在沙河渠口下二十里自渠口東北行過五原縣城東偏穿隆興長至五加河共長八十三里（據步測實長九十里）溉達旗永租地八十二頃此渠入五加河後復循五加河東行約百里至烏拉特前旂澆灌什拉胡魯素紅們圖地一千七百三十一頃此渠水勢頗旺因原定爲烏拉特前旂之專渠上游不得截水故溉達旂永租地額數較少而渠水自渠口至烏旂經行幾二百里水勢已微不敷灌溉故烏旂地原墾一千七百餘頃而歷年荒廢者已十之八九西盟墾務局長王濟若君欲爲烏旂另開專渠而令義和渠澆杭達兩旂就近之地詢一舉兩得之計也義和渠之長寬深度計分三段

第一段長一千三百六十丈口底均寬四丈六尺深五尺

第二段長一千一百丈口底均寬三丈四尺深三尺八寸

第三段長一萬二千五百丈口底均寬四丈深四尺八寸

以上三段共長一萬四千九百六十丈計合八十三里

通濟渠　原名老郭渠係地商郭敏修所報開於同治八年初開時寬僅一丈八尺同治十二年重行改修加寬加深貽穀任內發帑重修改名通濟渠口在義和渠口下五里自渠口東北行過賈方旅店大聚成折而東入長勝渠長一百二里半溉達旂永租地四十五頃其長寬深度計分三段

第一段長五千八百四十丈口底均寬三丈六尺深四尺

第二段長七千二百三十丈口底均寬二丈七尺深三尺五寸

第三段長五千三百八十丈口底均寬二丈深二尺五寸

以上三段共長一萬八千四百五十丈計合一百二里半

長濟渠　即長勝渠係地商侯應奎所報開於咸豐七年光緒二十九年改修渠口貽穀任內發帑重修改名長濟渠口在通濟渠口下二里自渠口東行入五加河長一百九里溉達旂永租地二百十二頃此外又與通濟塔布二渠共溉四成補地一千四百二十頃其長寬深度計分七段

第一段長一千五百六十丈口底均寬三丈四尺深七尺

第二段長二百四十丈口底均寬三丈四尺深四尺五寸

第三段長六百六十丈口底均寬三丈四尺深六尺

第四段長四百三十二丈口底均寬五丈深四尺

第五段長三千零七十六丈口底均寬三丈四尺深四尺

第六段長九千九百一十二丈口底均寬三丈四尺深四尺

第七段長三千七百四十八丈口底均寬三丈深二尺

以上七段共長一萬九千六百二十八丈計合一百九里

塔布渠　原名塔布河係道光三十年河水冲决而成爲後套諸渠之祖範渠口在長濟渠口下四里自渠東行至才喇嘛長九十七里半溉達旂永租地五十頃其長寬深度計分五段

第一段長八千七百六十丈口底均寬二丈九尺深二尺

第二段長三千七百二十丈口底均寬二丈五尺深三尺

第三段長一千六百三十二丈口底均寬二丈深二尺

第四段長一千八百丈口底均寬二丈深一尺五寸

第五段長一千六百八十丈口底均寬二丈深一尺

以上五段共長一萬七千五百九十二丈計合九十七里半

小幹渠

藍鎖渠	長九十五里
五大古渠	長二十五里
魏楊渠	長四十里
强家渠	長三十里
土默渠	長二十五里
吳祥渠	長十二里
戶口地渠	長十五里
劉三地渠	長十五里
天吉太渠	長十五里
舊灶火渠	長三十里

新灶火渠　長八十里

黄家渠　長五十里

烏魯格圖渠　長二十五里

鄔家渠　長四十里

阿善渠　長五十里

十大古渠　長三十五里

錦秀堂渠　長十里

洋人渠　長五十五里

達拉渠　長五十五里

後套各小幹渠共澆杭旂粮地四千十八頃茲擇其較大者臚列如左其餘名目尚多不及備載

按後套自民國以來蒙匪盧匪相繼肆擾墾戶望風逃避千里爲墟原有各渠無人挑修以致日益廢弛節節淤積年淤一層共約七八層每層自四五寸至尺許不等今八大幹渠中惟纏金渠較爲通暢義和次之老郭長勝塔布等淤塡最甚墾務局長王濟若君慨於渠道之廢弛力思整頓又以民國元年所訂水利章程十條迄未實行乃遵章程中之第一條令各渠舉定正副社長擇各渠之淤塞過甚者次第修濬遂於八年春勸導殷實地戶集貲先濬老郭渠將該渠通身大加修洗又因舊渠口納水不暢移下里許另開新口四月興工六月竣工計費銀三萬兩其渠口一段口寬四丈八尺底寬四丈二尺深六尺每晝夜可澆田二十頃老郭渠既浚再以次及長勝塔布諸渠惟籌措工款尚無一定把握也

附水利章程十條

一各渠擇定正副社長兩名經理挖渠丈收渠租以及澆水等事而該社不管民社事務不應地方官差徭以昭特別

一各渠正社長以一年爲度第二年以副社長提升正社長副社長另選舉年年照此輪流其正社長非認領十頃淨地公正廉明之人不得舉任

一各渠遇有大項工程除收渠租不敷外應按淨地攤派所收地戶糧石貨物按時價合銀其貨物糧石盈餘如數歸公社長毋得私吞倘有私吞私侵者准其地戶禀明水利局嚴追究辦以警效尤

一各渠每年所收渠租除歲修應用開支外下存之款歸社長儲存毋得動用所有渠上花費每至年終公同清算分款開單粘貼本社以免含糊而杜私弊

一各渠遇有纖小工程渠口淤澄社長宜隨時分派地戶及時修洗如有支吾

怠惰之戶准其社長稟明水利局由局量爲責罰以爲不顧公理者戒

一各渠澆水春冬兩季均行放稍祇許平口澆灌不准堵閘築壩其餘各水按照淨地每閘定有日期期滿之日此關彼放如此次由口輪稍彼次由稍輪口輪流灌溉毋得爭執如有私澆堵閘築壩者照澆地畝數公同議罰

一各渠釐訂澆水章程日後如有高地非作閘不能上水者准地戶稟知該渠社長轉稟水利局派員勘驗然後准其作閘惟不得任意私作致起爭端

一各渠澆水日期以水到地起算譬如此閘應澆五晝夜至第三晝夜適遇黃河水落渠不進水下次水漲仍由該閘再澆兩晝夜以補不足別閘不得爭奪

一各渠各閘澆水日期各渠社已經訂立牌額懸掛本社倘後若有更改由該社長等臨時會議

一各渠每頃靑苗應收渠租銀四兩五錢以三兩三錢歸社下餘一兩二錢歸水利局經費而水利局不丈靑苗按各渠社所丈徵收而銀兩亦歸社長呈交且各社毋得隱匿畝數如有隱匿者倘經查出以一罰十決不從寬

查後套渠道始於民戶興修不過就近支引河水以爲目前之計初未嘗統籌全局以致所開渠道錯綜交雜以長二千里之渠曾不能溉萬頃之地其弊由於各渠之口各自承接河水自纏金渠以至塔布渠渠口並列佔黃河沿綫幾二百里纏金渠位在上游水勢較旺愈東則水位愈低及至義和長勝老郭諸渠來源既下不能挽之使上稍高之地即爲灌溉所不及且渠底坡度太緩流速不暢渠身年年淤塞而各渠口附近之黃河河面散漫不下七八里水溜時有變遷各渠口往往爲沙噴塞不能引水入渠則必更擇水勢稍旺之處另開新口以資補救屢年挑修不勝煩勞一有因循墾地立減則以此二千里之渠

澆九千餘頃之地尙不能保其常度遑望其擴張水量而使四萬餘頃可耕之地胥被浸潤乎故欲改良後套渠道斷非就原有各渠加以整理所能濟事必須統籌全局作惟一之計劃擇適宜之處另開總渠取東西方向與黄河平行横穿後套中部準以後套西高東下之地形實得建瓴之勢且渠口宜直衝河溜渠身宜傾斜合度又必按水理公式計其全區墾地需水之量以定總渠之廣狹淺深更參照寧夏渠道之規模建設迎水壩滚水壩退水閘正閘尾閘陡口暗洞飛槽等以調劑水量而資永固則後套渠工之發達可操左券矣

氣候

後套氣候夏季熱度不高冬季嚴寒地下結冰甚厚秋分後時有嚴霜故農植祇歲一次自霜降後至清明節爲冰雪之季雨澤稀少農田專恃渠水澆灌水所不到雖腴壤亦弃爲廢墟春秋時有狂風果樹華而不實榆柳爲宜然寥寥

不多見蓋內地人民來套種地大都春出冬歸所耕地畝亦無定所如蒙人遊牧相同居室既不講求更何能及於村舍之樹木然改良後套氣候不可不注意於斯蓋氣候於農墾事業具有重要關係而該地農人非土著故於氣候絕不講求種籽亦不選擇任其自然聞上年晚禾受霜災損失甚大調查時曾於隆興長設雨量及氣候記載一所啇由水利局王局長派書記員趙子傑記載現據已經寄來者表列於後以備參考餘俟續列

物產

農產豆麥高粱皆宜近水處亦可種稻高涼處則種釉麥穀子胡麻馬鈴薯等每畝可收六七斗至一石其斗量爲四十八筩釉麥胡麻爲寒地特產釉麥於清明以後下種歷四個月即成熟其粒瘦細磨爲麪以蒸作饅頭性最耐饑口外作苦之人非此不飽也胡麻可以榨油每歲冬季雇戶皆歸原籍地主獨留

則聚其工夥以胡麻榨油販之口內山陜北部用之燃燈其價特廉與豆油不殊至今抵制石油使之不得內輸

後套林業絕少除隆興長榆柳數株外一望遼闊雖村落附近亦曾無一樹爲之蔭蔽惟未墾之地紅柳叢生居人每折其枝幹以爲羊圈築屋則以之平鋪屋頂（套地皆平屋）以泥蓋之細枝則編爲筐簍又有所謂芨芨者亦叢生草類也莖幹挺出性韌而堅可製爲草帽蚊扇門簾掃帚諸物二者皆取之不盡

畜產多羊牛馬亦不少蒙旂草地任意牧之由蒙官歲收水草租牛馬每歲每頭約三百文羊三十文又有分配於蒙人使代牧者只以乳酪歸之蒙人更不另給工資

商務

後套開闢最晚商務未甚發達加以年來蒙匪盧匪相繼騷擾商業愈形零落

惟隆興長有商鋪十餘家所售皆尋常日用之品五原城內居民十餘家聚處於東南一隅以外半多空曠更無商務之可言木料來自甯夏布疋洋貨來自包頭運貨之舟由黃河入義和渠口可直達隆興長粟米本爲後套特產自匪徒肆擾農業減色民無積粟春間挑濬老郭渠工人食料皆仰給於包頭以道路艱阻饋運不繼大有嗷嗷待哺之勢蓋後套佃戶多山陝北部人春出冬歸有如塞雁人不土著聚散無常商業之不發達以此故近來團長靳春圃知事王卓甫擬在隆興長龍王廟立一廟會以達聚集商民之目的商業或能逐漸發展也

竊維後套商務之不發展其故有二沿河無停船碼頭隆興長距河尚七十里義和渠窄而淺重舟難行不便一也舟行義和渠有進口無出口舟至隆興長卸載後必返棹復由義和渠入黃河故運貨之舟非專載隆興長之貨者不能

到二也是宜於義和渠口附近立一碼頭多設貨棧以爲後套出入貨物會萃之地然後浚深義和渠以輕舟往來運輸商務或有起色耳

交通

後套渠道紛歧橋梁絶少車駝往來動遇水阻旅行苦之故自五原至包頭陸路計程不過四百八十里車駝進行費時需八九日沿途旅店稀少往來大率皆從水路爲多非至嚴冬河水冰結舟楫絶跡不輕行也水路計自包頭至五原河道曲折約七百里由黄河入義和渠可直達隆興長（距五原城五里）逆流須十日順流則三日可矣五原至甯夏陸行須經黄楊木頭磴口石嘴山及平羅等處亦極不便故往來重載仍從水路計水程約千里上行最爲澀緩蓋自五原一帶河身寬至七八里沙灘彌漫中流水急無縴道可通勢必引舟別尋枝港每經擱淺即須撥轉船頭另尋出路每過一淺躭延許久及至磨石溝

以上兩岸皆砂石河流逼仄俗名石河河底皆石子水溜湍急計自石咀子百餘里險處十四皆有砂岸伸入河中河溜更窄水浪濺起如小瀑布合二舟之縴夫共輓一舟始過一險迭相推輓倏行倏止一日只得半日程過石咀子至紅崖子一帶一望淺灘大水一過淤泥凝積數尺縴夫行其中往往沒膝手足匍匐始得一步故自五原至甯夏上行需二十餘日下行祇四五日

三呼灣區域

沿革及歷史

河套北岸包頭以西爲烏拉特旂地以東爲歸化土默特旗地土默特早經開放設治置官與內地無異且地勢與河套亦無關係本編不及詳備其烏拉特南境三呼灣一區雖在套外而三呼河灌注其間地理上蓋河套之附庸也考其地在秦爲九原郡地漢更名五原水經注云河水自朔方東轉經渠搜縣故

城北又東經西安陽縣故城南又東經成宜縣故城南又東經宜梁縣之故城南又東經稒陽城南河陰縣城北又東經九原縣故城南秦始皇置九原郡治此漢武帝元朔二年更名五原也河水又東枝津出焉按此河道以北即今三呼灣區域唐時中受降城地元屬大同路明時爲蒙古所據名烏拉特後分所部爲三旗清初來歸順治五年以巴圖爲中旗札薩克封鎭國公掌蓋十六謌班爲前旗札薩克封鎭國公掌蓋十二巴克巴海爲後旗扎薩克封輔國公掌蓋六其游牧地後旗在東謂之東公旗中旗曰中公旗前旗地在西謂之西公旗故三呼灣一區爲三旗公共之地今屬五原縣

地區

三呼灣地在前套之北後套之東黃河距其南三呼河繞其北故名一曰大中灘西起西山嘴東至全巴圖東西長一百二十里南北廣十里至二十里不等

計面積約一千八百方里地勢西高東下土質腴肥蓋由河水冲積而成故三呼河之水利亦得天然之形勢

河道 接後套河道

又屈東過昭君墳北三呼河注焉　河水過西山嘴屈向東南左岸入烏拉特旂境三呼河出焉又東南右岸名二頃地又東右岸六分子小渠一道下至古欽台長約三十里達拉特旂主集資開浚尙未行水又東大木蘇台其右岸談蓋卯包羅阿斯台川喀喇坤台兌河坎泰河均從前套來注之又東入烏拉特旂境右岸有淤河俗曰大河相傳爲黃河故道後黃河北徙此派遂淤又過昭君墳北其左岸三呼河注焉三呼河自西山嘴起沿烏拉山之南麓至三岔口入河河長凡二百六十里三呼灣墾田俱賴以灌注蓋黃河之支津也

按水經注云河水又東南經朔方縣故城東北又東轉經渠搜縣故城北又

東經西安陽縣故城南又東經薛田城南又東經成宜縣故城南又東經原亭城又東經宜梁縣之故城南又東經稒陽城南河陰縣故城北又東經九原縣故城南又東枝津出焉實地考查即西山嘴至昭君墳河道北岸即三呼灣其北烏拉特西公旂府南岸前套風沙所積古跡蕩然無所查考矣

墾務

三呼灣係烏拉特三公旂公共之地面積九千餘頃其間可耕者有七千餘頃素稱腴壤在前清末季山西巡撫胡聘之任内即擬將該地開放未及實行民國二年綏遠將軍張紹曾行文該旂勸令將三呼灣地報墾三旂未能同意至民國三年東公旂遵報三呼灣地三分之一業經派員會同蒙員勘收而西公旗則力爲梗阻以爲三呼灣並非東公旗所有何得越境私報東公旗則謂烏拉特三旗本係一家向未分清界址凡屬三公之地即爲公共之產但以三分

之一報墾亦何不可彼此爭執各不相下迭經綏遠都統派員交涉事乃得行及至實行勘收而該旗又於所報地之南偏截留一段不足原額經墾務局多方交涉乃於所報地東偏另補一段以償截留之數民國八年由烏拉特三公旗墾局勘收計地二千四百三十頃現正設局丈放地價分三則上地每頃三百元中地二百七十元下地二百四十元每頃帶收渠工經費銀三十兩又手續費一元其應徵額數及歲租若干因該地尚未放竣難以核計

三呼灣東黄河北岸坤都倫河附近於民國三年報墾地一段名爲坤都倫昭東牌界地用坤都倫河水澆灌水租由蒙古人自收之其地爲六百三頃押荒分四等上上地每頃一百二十兩上地八十兩中地五十兩下地二十兩所徵押荒以一半歸該昭一半充墾局經費所徵歲租除提取一成經費外其餘分作十成以二成歸公五成歸該昭所餘三成每旗各給一成計共徵荒價二萬

七千三百三十八兩有奇歲租無考又包頭之西四十餘里黃河北岸干支漢卯獨墾地一段係烏拉特中公旗報光緒三十三年丈放計三百餘頃其地價歲租及劃分章程另於前套詳之不贅三呼灣及三呼灣附近氣候暨禾稼種植時期均與後套畧同至收穫之豐歉可分旱地渠地二種渠地收成略同後套旱地收成畧同前套所植穀類亦相等可參看前後套之穀產表

按以上三呼灣及三呼灣附近之墾地除坤都倫昭東牌界地及干支漢卯獨二處與河套水利不甚相關不計外所有三呼灣渠地僅開放二千四百三十頃其餘尚有四千五百餘頃爲可耕之地如實行開闢其利益預算有如次者

一荒價一百三十七萬餘元

三呼灣現今放墾之地上則每頃三百元中則二百七十元下則二百四

十元又每頃渠費三十兩今以中下兩則折中計算連渠費定每頃三百元合計如上數

二租稅十一萬餘元

準後套之例每畝地稅渠費共三角合計如上數

三歲產粮二十七萬四千餘石

每畝歲產淨穀六斗計如上數用濟民食可供十八萬三千人之需計值約二百萬餘元

四養民四萬五千六百人

墾闢後每二人授地一頃每人連家室五人計如上數

附綏遠各屬墾務之概略　綏遠所轄蒙旗爲烏伊二盟及歸化土默特一部土默特於康熙初年已與漢人同化設治置官即蒙人亦築室耕田與內地無

畢矣但多墾而未報及貽穀任內設局丈放約一萬頃然僅十一佐之地旋因案發中止迨民國三年復設局清丈又以匪徒滋擾停頓五年繼續清理於是土默特境內已大半墾種報租矣其他屬歸綏薩拉齊托克托和林格爾清水河五縣管轄

大清山後烏盟四子王達爾罕茂明安三旗及八旗牧廠地在貽穀信勸任內共報墾約五千頃自民國五年以後報墾之地據當道所稱約三萬頃（土默特續放在內）此地屬武川縣管轄

其在套內伊盟七旗及套外烏盟烏拉特三旗分屬於五原東勝及其他各縣墾地已詳前編茲不復贅又五原武川二縣地域最廣官廳管理有鞭長莫及之勢綏遠政府現擬於二縣之間分設一縣名曰稒陽設局籌備云

渠工

黃河自西山嘴以下左逼山嶺右近砂梁地勢皆近河較低愈遠愈高能得黃河之水利者蓋屬寥寥惟三呼灣一區係三呼河與黃河夾成之低灘地勢西高東下與黃河水面傾斜相同且三呼河納流通暢爲天然之渠道支引灌溉則用力少而收効速

三呼灣一區墾闢較晚渠道尙未發達今惟該區東偏有小渠三道曰西公合哨渠曰史家渠曰墾務渠皆承接三呼河水由西北而東南以澆三呼灣東部之地西公合哨渠位在上游自渠口起至蘇木兎止約長十六里又東十里爲史家渠自渠口起至王卦營子止約長十里又東二里爲墾務渠自渠口起至柴惱兎止約長二十五里三渠共長五十餘里僅可溉田數百頃而於東公旗新報地二千四百頃仍爲不敷澆灌業於民國八年由烏拉特三公旗墾務局估計工程另開新渠云

以上原有各渠及新開各渠要皆偏於三呼灣東部其中西兩部則未嘗規劃及之茲若三呼灣全部報墾須統籌全局以三呼河爲總渠外開支渠數道依水利之學識定各渠之淺深又需開濬三呼河酌建閘壩以期持久則三呼灣七千頃可耕之地其獲益當不在他區下也

氣候

三呼灣套外一小部落也今開始耕牧尚無大村鎮故於氣候物產商務交通各事無所查考茲就包頭托城綏遠諸處徵求所得錄要列後以備參考

綏遠天氣寒冷雨澤稀少後山一帶溫度尤低秋分以後立夏以前皆爲霜雪之期故禾稼歲祇一季

綏遠城内溫度最低者爲一月在華氏表零下十度左右最高者爲七月在華氏表八十五度左右查綏遠觀測所所記近三年雨量及溫度已另列表茲不

具載

包頭氣候與綏遠略同據農會會董李士珍君謂往年霜期在秋分前後近歲以來寒露以後方見霜蓋因人烟漸稠墾地漸廣上下之氣通氣候因以溫暖若能盡力擴充則振興農業即所以變化氣候也今清明始解凍小雪前始結冰

物產

農產有小麥穀稷高粮馬鈴薯之類每歲車駝並運輸入口內者不可勝計歲之豐歉山陝北部恒視以爲饑飽焉

森林以楊柳爲多楡槐松杉之類次之托城附近小樹甚多材木所需尙須取給於甘省聞大靑山烏拉山中從前森林甚廣綏遠新城初建時木料皆取於此清光緒間二山先後失火延燒凡三閱月所有森林俱成灰燼此後遂童山

濯濯無復萌蘖之生矣若竭力提倡於大青山烏拉山一帶徧興林業則二十年後其利益寧可以數計耶

大青山產炭甚多近今開採者則以薩縣附近斗臨濤爲最其實在在皆是第以運銷未暢故開採未廣又薩拉齊西北板升齊干溝子山內有石綿鑛層疊顯然狀若石膏以手揉之則柔韌如絮其苗厚一二分其內厚幾寸許云

商務

歸化城周僅二里城內街巷逼仄略無鋪戶商家皆在南關有所謂南大街者閈閎櫛比百貨俱備一市精華所萃也其次爲大東街小東街凡中交銀行郵政電報電話均備布疋洋貨及日需品價值高於內地者一倍有半食品生料甚賤熟則均貴

出口貨以粟米皮毛爲大宗進口貨以布帛洋貨爲大宗

包頭商務皆在前街大商店約三百餘家中交銀行及郵政電報均備貨品價值與歸化同其南十五里曰南海子爲百貨往來衝要之區蓋包頭之一水碼頭也

河口鎮在托克托城南五里當大黑河入黃河處商店百餘家甘草莊居其半在昔包頭未開商塲甘草一宗皆由黃河運至河口輸入內地故至今仍以河口爲甘草市塲每歲八九月間爲甘草市期其他商業遠遜包頭惟甘草一項各商力持不得移市於他處焉

交通

京綏路綫尚未完全修竣車行僅至平地泉而平地泉距綏遠與豐鎮距綏遠路程略相等故綏遠來往之行旅及貨物多以豐鎮爲火車起止之點自豐鎮至綏遠陸路三百六十里車駝並運輕載四日重載六日自綏遠至包頭陸路

三百二十里車駝並運輕載三日重載五日惟豐鎮至綏遠多行山嶺亂石磷砌傾仄頓跌車行最苦風沙撲面旅店蕭條包頭以西人烟更少數年以來土匪徧地行旅時遭㧞掠鄂爾多斯一路沙陵起伏莫辨道路徑行其間或終日不逢一人水站甚少盛暑時行人趕站不及往往因渴致死交通如此亦振興西北實業之一大障礙也

前有王用舟君邀同紳商規定章程集資開辦汽車自綏遠至包頭一段現已開駛客票每位十二元行李以二十五斤爲限據該公司經理朱君云規行汽車分三大段自豐鎮經綏遠至包頭爲第一段自包頭經五原至甯夏爲第二段自甯夏經蘭州至新疆爲第三段除綏遠至包頭一小段刻已行駛外豐鎮至綏遠一小段業經測勘現正修築路綫其第二三段尚未勘測使果全綫駛行殊有便於行旅惟脚價太昂不合於中下社會之用且不便運輸貨物爲遺

憾耳

前套區域即鄂爾多斯

沿革及歷史

河套鄂爾多斯本秦新秦中地漢初爲匈奴所有武帝元朔二年置朔方郡屬并州後漢末廢晉永嘉後歷爲前後趙前後秦地義熙中赫連勃勃據此後魏爲統萬鎭地後爲夏州北境隋於其地東置勝州西置豐州大業初改勝州爲榆林郡豐州爲五原郡後廢唐貞觀中復置豐勝二州天寶元年改勝州爲榆林郡豐州又改爲九原郡乾元元年俱復故名其南境又有宥州俱屬關內道唐末拓跋思恭鎭此五代至宋金皆爲李夏所有元滅夏立西夏中興等路後廢其地東屬東勝雲內二州及延安寧夏等路城東勝等州並立屯戍耕牧其內天順間蒙古酋長阿羅出與毛古里孩始入河套乩加思蘭復糾合滿魯僞

爲巢穴宏治間火篩復入其中元太祖十六世孫巴爾蘇博羅特達延汗之第三子也始命爲管領右翼三萬人濟農長子袞弼里克圖墨爾根明史謂之吉囊嗣爲濟農號車臣可汗嘉靖中擊破火篩居之是爲鄂爾多斯有子九分牧而處服屬於察哈爾清天聰九年滅察哈爾林丹汗鄂爾多斯額林臣來歸仍賜濟農之號令招集諸部落順治六年封郡王等爵有差並掌分地爲旗六雍正九年增設一旗爲七旗七旗同盟名之曰伊克昭

自土默特同化後設治置官漢人漸入河套租地耕種自後明令放墾初依地形之便由沿邊各縣管理如近邊墻屬河曲榆林府谷懷遠（今曰横山）靖邊東北則屬薩拉齊清水河托克托西屬平羅等縣光緒二十九年貽穀辦墾增設東勝五原二廳後改爲縣今綏遠都統蔡成勳上呈政府將伊克昭盟各蒙地均請劃歸綏遠特別區域酌設縣治經國務會議議決已於八年夏會同陝甘各省

委員勘界矣

伊克昭譯言大廟也其廟在達拉特營盤之東北今謂之王愛昭鄂爾多斯七旗盟以是名然其盟所初無一定常隨盟主爲轉移其盟主由七旗公推再由中央政府任命之盟期亦不定常以三九月爲多

正中近東爲左翼中旗土人名之曰郡王一曰王子東西距一百十五里南北距三百二十里本隋唐勝州地明嘉靖間爲鄂爾多斯所據清天聰九年其濟農額林臣來歸順治中封爲多羅郡王世襲罔替今進封爲親王扎薩克名圖布新濟爾噶勒其地歸東勝神木二縣管轄

東南爲左翼前旗土人名之曰準噶爾東西距二百四十五里南北距二百十里本古榆林塞隋置榆林郡唐屬勝州置河濱縣宋爲西夏所據明初屬榆林左衛地嘉靖間屬鄂爾多斯清順治中其台吉從額林臣來歸封扎薩克固山

貝子世襲罔替今進封貝勒扎薩克名散濟密都布其地歸托克托東勝河曲府谷等縣管轄

東北爲左翼後旗土人名之曰達拉特東西距二百八十五里南北距一百五十里本漢沙南縣地隋唐勝州榆林郡治所明嘉靖間地屬鄂爾多斯清順治中其台吉從額林臣來歸封爲扎薩克固山貝子世襲罔替今進封爲貝勒加郡王銜領盟長扎薩克名遜博爾巴圖其地歸五原縣管轄

西方近南爲右翼中旂土人名之曰鄂托東西距三百二十里南北距四百八十里本漢朔方郡南境隋唐置豐州元和中移置宥州於此明嘉靖間爲鄂爾多斯所據清順治中其台吉從額林臣來歸封扎薩克多羅貝勒世襲罔替今進封郡王扎薩克名喝勒藏魯拉木旺札勒札木蘇其地歸平羅縣管轄

西南爲右翼前旗土人名之曰烏審東西距一百八十里南北距二百七十里

隋唐夏勝二州地明初榆林右衛地後爲鄂爾多斯所據清順治中其台吉從額林臣來歸封札薩克固山貝子世襲罔替今進封貝勒札薩克名特古斯阿木固郎其地歸神木榆林横山靖邊等縣管轄

西北爲右翼後旗土人名之曰杭錦（讀如蓋）東西距一百八十里南北距一百六十里漢朔方郡地隋唐爲豐州九原郡治明嘉靖間爲鄂爾多斯所據清順治中其台吉從額林臣來歸封札薩克鎮國公康熙三十七年以從征噶爾丹功晉封固山貝子世襲罔替今進封貝勒札薩克阿勒担瓦齊爾其地歸五原縣管轄

依右翼前旗爲右翼前末旗土人名之曰加薩游牧六旗界內定咱拉什本鄂爾多斯三等台吉雍正九年以屢次從軍功晉一等台吉乾隆初議族屬繁增旗一授札薩克世襲罔替今進封貝子領副盟長札薩克名沙克都爾扎布其

地歸東勝神木二縣管轄每旗有甲克氣一秩最尊甲克氣與札薩克如我國東周列國時一君一相也梅令章京章京二字即將軍之譯音二秩二品如藩鎭然其下則爲掌蓋掌蓋各旗不一視地區之大小人民之衆寡分配然初亦有定制鄂托爲掌蓋凡八十三㕸準噶爾凡四十五烏審四十二達拉特四十杭錦三十七郡王二十四加薩最小凡十五七旗共掌蓋二百八十有六

掌蓋者蒙古遊牧之隊長也秩視五品每一掌蓋又有一孔讀秩六品副隊長也其初編制一掌蓋凡轄五十丁計在昔丁口不過三萬人今則人口消耗有一掌蓋不及三四十人者矣蓋蒙古女子之生殖力甚弱一母所懷胎珠不過一二且蒙古定制只以一子承祧即多子亦必皆作喇嘛則蒙古人口之日漸消耗殆有以也

地區

前套即鄂爾多斯在後套之南寗夏之東黃河出塞入塞至此成一大灣名曰河套漢人初至河套又由河套轉至南北兩河間故對於後至者爲後套即呼此爲前套前後套總名之曰河套前套南起邊墻東西北三面距河面積約二十九萬方里伊克昭盟一部七旗游牧之處北面有一小部分屬烏拉特旗初本在河北後黃河改道始移在套內即今紅同灣是也地勢西部多山嶺中部沙梁祇杭達兩旗地近黃河較爲平緩然亦移沙積如小山到處皆是廣志曰朔方郡北移沙七所或即此歟

河道

又屈曲東流至南海子　河水過昭君坟屈東南逕召灣又東坤都倫河從北來注之又東過紅同灣入薩拉齊縣左岸土默特旗地又東過南海子南北去包頭城（即巴爾朱罕城）十五里南去達拉特營盤（即王府土人曰營盤）四十里又東與淤河合河

長凡九十五里

按水經注河水又東枝津出焉又東石門水南注之河水又東逕稒陽縣故城南又東南枝津注焉水上承大河於臨沃縣東流七十里北溉田南北二十里注於河實地考查即昭君坟至南海子以東河道古河在南已淤現時河道枝津也北溉田即紅仝灣一帶今村墟錯落樹木森森大有內地景象其地爲烏拉特東公旗考烏拉特與鄂爾多斯原以河爲界今河南有烏旗地可知河道改移向北年尚不遠石門水即今坤都倫河入河處伏流山洪暴發乃通流然上游泉水源源土人引以溉地

又按河水自西山嘴（西山嘴至昭君坟河道見三呼灣）至南海子總方向爲東偏南約四度河長凡三百三十五里寬三分里之一至二里深五尺至一丈五尺底質惟昭君坟下有石餘皆泥沙

又東偏南至河口鎭大黑河自西北來入之　河水過南海子屈向東南又東北古城灣又東南二忙渡口右岸達拉特旗地北去薩拉齊縣治三十里又東南楊家河頭右岸入準噶爾旗地虎斯台川自南來注之入托克托縣境又東南右岸十二連城山脈逼近河沿又東南至河口鎭左岸大黑河來注蒙古名伊克土爾根北去托克托縣治五里

按河水自南海子至河口總方向爲東偏南約二十三度河長凡三百里寬由半里至二里深由五尺至一丈五尺

又按水經注云大河東逕咸陽縣故城南屈而流白渠水注之白渠水逕沙陵縣故城南西注沙陵湖芒干水西注沙陵湖湖水西南入於河實地攷查沙陵湖今名黛山湖在托克托縣治西白渠水即大黑河之南派芒干水卽大黑河之北派托克托縣治傍山上有舊托托城

又東南又南至河曲縣西入塞　河水既過河口鎮遂東南流入山峽歷龍不灣右岸入清水河縣境左有小水自西南來注之又屈曲東南歷喇嘛灣又南清水河合紅水河來注又南入偏關縣境又西南過老牛灣至河曲縣西入塞

按河水由河口至河曲總方向爲南偏東十二度河長二百三十五里河行兩山之間下至保德輕舟可行

又按水經注云河水南入楨陵縣西北緣湖山歷沙南縣東北兩山二縣之間而出實地攷查今河口以下兩山夾河疑即此又云河水於二縣之間濟有君子之名魏桓帝西幸榆中東行代地洛陽大賈齎金貨隨帝後行夜迷失道往投津長曰子封送之渡河賈卒津長埋之其子尋求父喪發塚舉尸資囊一無所損其子悉以金與之津長不受事聞於帝帝曰君子也即名其津爲君子濟實地攷查地在湖灘河朔渡口即今龍不灣河水又南左合一

水西流注於河河水又南樹頹水注之按卽今清水河

查前套河道自甯夏橫城堡起至河曲縣西入塞其在昭君坟以上已詳甯夏後套三呼灣三區域不贅總計自青銅峽經橫城堡出塞歷石嘴山磴口烏拉河口西山嘴昭君坟南海子河口鎭等處至河曲縣西入塞成一弓形河長共二千二百八十五里

墾務

前套中部砂山連亘高出黃河水面約一千尺地勢高亢水分缺乏沙礫瀰漫蓬蒿滿目頗不宜於農產惟沿黃河一帶及長城附近地稍平坦土質較佳自清康熙末年山陝北部貧民由土默特渡河而西私向蒙人租地墾種而甘省邊氓亦復逐漸闢殖於是伊盟七旗境內凡近黃河長城處所在有漢人足跡至貽穀督辦墾務各旗報地者累累遂由官廳陸續丈放惜地面稍高不能引

渠灌溉地中又多含沙質故收穫不豐而當此內地地狹人稠薪桂米珠之際亦未始非足民食之一助也茲將各旂墾務分述如左

郡王旗墾地　郡旗墾地可大別爲三段一爲東西東南兩段及書會廟皂火鹽道地計五段經貽穀派員丈放押荒共分三等上地每頃三十兩中地二十兩下地十兩所徵押荒除提取三成公費外以一半歸公一半歸蒙歲租亦分三等上地每年每畝一分四釐中地一分下地六釐所徵歲租以二成歸公二成另款存儲留供蒙地一切建築之用其餘六成撥給蒙旗計放地九千六百三十九頃應徵押荒十萬零八千二百二十兩應徵歲租每年六千二百五十六兩其地屬東勝縣轄境一爲郡王劃撥戶口地畝計四百八十九頃應徵押荒五千三百五十三兩（歲租無攷）一爲郡旗所屬王愛召地係該召喇嘛所報分東西兩段經貽穀飭西盟局派員丈放押荒分四等上地每頃四十兩中

地三十兩中下地二十兩下地十兩所徵押荒以一半充墾局經費一半撥歸該召歲租亦分四等上地每年每畝徵銀二分中地一分六釐中下地一分二釐下地一分所徵歲租除提取一成經費外仍分爲十成以二成歸公一成歸郡旗七成歸該召計放地一千四百一十八頃應徵押荒二萬八千五百零二兩應徵歲租每年一千八百五十七兩其地屬薩拉齊縣轄境總計以上三段共放地一萬一千五百四十六頃應徵押荒一十四萬二千零七十五兩應徵歲租除戶口地四百八十九頃不計外每年應徵八千一百十三兩

札薩克旗墾地　札旗墾地凡二段一爲所報黑牌子地一爲該旗報効地兩地均屬東勝縣轄境貽穀任內派員丈放押荒分三等上地每頃三十兩中地二十兩下地十兩黑牌子地及報効地均同惟所徵押荒黑牌子地除提取三成經費外餘以一半歸公一半歸蒙報効地則提取三成經費外悉數解交練

兵處其歲租亦分三等上地每畝每年徵銀一分四釐中地一分下地六釐所徵歲租二成歸公二成另款存儲留供蒙地一切建置之用其餘六成撥歸蒙旗惟報効地所徵歲租悉數歸公計放黑牌子地一千六百零八頃放報効地五百七十五頃總計兩段共二千一百八十三頃應徵荒價二萬六千四百二十二兩應徵歲租每年一千一百二十四兩有奇

準噶爾旗墾地　準旗墾地爲黑界地一段附近陝西府谷山西河曲兩縣境貽穀任內由包頭墾局派員丈放押荒等則分四等上地每頃六十兩中地四十兩中下地三十兩下地二十兩所徵押荒除提取三成經費外餘以一半歸公一半歸蒙其歲租亦分四等上地每年每畝徵銀二分中地一分六釐中下地一分二釐下地一分所徵歲租提取二成另款存儲留供蒙地一切建置之用其餘八成撥歸準旗計共放地一千五百八十八頃應徵押荒六萬零三百

三十九兩應徵歲租二千三百五十九兩此項歲租由府谷河曲兩縣征收

鄂托克旗墾地　鄂旗區域內砂磧居多雖屢經報墾丈放者頗屬寥寥清光緒季年僅丈放五堆子陶樂湖廟灘月牙湖數處計共二百零一頃九十三畝押荒分四等上地每頃四十兩中地三十兩中下地二十兩下地十兩歲租亦分四等上地每年每畝徵銀二分中地一分六釐中下地一分二釐下地一分所徵押荒及歲租批分章程與準噶爾旗同地二百零二頃應徵押荒四千五百九十四兩應徵歲租每年二百八十兩此項地畝屬甘肅平羅縣轄境

烏審旗墾地　烏旗墾務在貽穀任內兩次設局丈放均因蒙衆抗墾中止至宣統元年將軍信勤設立烏審墾務局與該旗迭經磋商始行開辦其所丈放之地凡二段一爲該旗報墾地坐落在黃河以西什拉烏素河以南與陝西靖邊橫山兩縣相近押荒分三等上地每頃三十兩中地二十兩下地十兩所徵

押荒除提三成經費外餘以一半歸公一半歸蒙歲租亦分三等上地每年每畝徵銀一分六釐中地一分二釐下地一分所徵歲租除提取一成經費餘分作十成以八成歸蒙二成另款存儲留供蒙地一切建置之用計放地一千四百五十頃應徵押荒一萬八千八百二十兩應徵歲租每年一千五百四十六兩此項歲租歸靖邊横山兩縣徵收一爲該旗報効祝嘏地坐落在黄河以西五道河東北與陝西榆林縣相近其押荒及歲租等則均與該旗報墾地同惟所徵押荒除提三成經費外悉數解交練兵處所徵歲租全係正供並不分給蒙旗計放地五百三十頃應徵押荒五千五百四十兩應徵歲租每年五百四十一兩此項歲租歸榆林縣征收總計二段共放地一千九百八十頃應徵押荒二萬四千三百六十兩應徵歲租每年二千零八十七兩有奇

烏拉特西公旗墾地　該旗墾地除所報什拉胡魯素紅們圖二段已詳後套

外嗣後續報河西噶嚕台地一段其地在黄河之南東界中東兩旗南界達拉特北界黄河距包頭甚近清光緒季年由西路公司轉放地價分爲十則每頃計一百五十兩至十兩不等所徵地價除提取三成經費外餘以一半歸公一半歸蒙歲租分爲四則上地每畝每年徵銀一分八釐中地一分四釐下地一分下下地九釐所徵歲租全給蒙旗惟帶收租捐二成專款存儲以供蒙地一切建置之用計共放地四百八十二頃應征地價二萬五千六百零一兩應征歲租每年五百六十三兩有奇其地屬五原縣轄境

烏拉特中公旗墾地　該旗墾地凡二段一在河北一在河南在河北者曰干支漢卯獨計三百餘頃在河南者曰噶嚕台兩地均在包頭之西四十餘里貽穀任内由西路公司轉放其地價歲租等則及劃分章程均與西公旗噶嚕台地相同計自光緒三十三年至宣統元年前後共放地九百三十八頃應征荒

價三萬四千零三十五兩應徵歲租每年一千零一十三兩其地屬五原縣境

烏拉特東公旗墾地　該旗墾地在前套者曰紅同灣地居黃河南岸與西公旗所報噶嚕台地相距甚近清光緒季年由西路公司轉放地價分爲八則每頃自一百兩遞至十兩歲租分爲四則上地每年每畝徵銀一分八厘中地一分四厘下地一分下下地九厘其地價歲租劃分章程均與西公旗噶嚕台地同計共放地四百七十頃應徵荒價一萬七千四百四十八兩應徵歲租每年五百三十一兩有奇此項地畝屬五原縣轄境以上各旗共放墾地一萬九千三百九十頃其中烏拉中公干支漢卯獨地三百餘頃在黃河北岸則實計前套墾地祇一萬九千頃

總計應徵荒價三十三萬五千一百三十四兩干支漢卯獨地在內歲租除郡旗戶口地外每年應徵一萬六千零七十兩

按前套一區自放墾以來漢人之移居者漸多苟有可耕之地皆試行種植故其間已墾未報或已報未放之地所在多有即如達拉特一旗前套並無報墾之地而據土人云該旗每歲私租收入約在十萬元以上計地當有數千百頃則他旗之私墾地亦難保不有欲知其詳非清丈不可

前套氣候較後套寒冷故種植時期亦不相同且地係砂質不能引水灌溉收穫亦少所種多糜穀大小麥䄻麥馬鈴薯等惟近河氣候與後套同河灘上多種扁豆茲附穀產表如次

穀類	每畝產量中數	每石價值	每畝種籽	耕種節期	收割節期	播種方法
大麥	〇、五石	三、〇元	八升	谷雨後	白露	抄
小麥	〇、四	七、〇	五	仝	秋分	抄
䄻麥	〇、五	五、〇	五	仝	秋分	抄

扁豆	〇、四	七、〇	三	清明	大暑	抄
糜子	〇、六	三、五	一	立夏	秋分	撒
穀子	〇、六	四、〇	一	立夏前後	處暑秋分	撒
馬鈴薯	二、〇袋	〇、三	一	芒種前後	秋分	抄

按前套地面較高不能開渠引水故均係旱地惟平羅縣附近之五堆子陶樂湖灘月牙湖等處地勢較低居民自行開渠溉田他如六分子撒葛達淖爾兩處亦由民戶試行開渠然總上數處所溉不過三五百頃此外能上水之地蓋寥寥焉

氣候

鄂爾多斯除後套一區外砂嶺連亘水澤絕稀似係大陸性質且地處北方寒陰凝沍每歲以白露節至明年立夏前後爲霜季夏日午暖夜寒華氏寒暑表

相差至五六十度氣候變化甚驟夏季午後暑氣薰蒸鬱炎幾不可耐一遇風雨或至衣裘土人有早穿皮衣午穿紗之諺旅行其間者雖當夏日亦不可不備皮衣云

蒙人狃於故習不知寒暑表爲何物故到處詢問迄不得終年最高最低之度止於何點就此次調查實得之結果入套之時爲新歷九月中旬過白露節纔四五日已早夜飛霜氣溫三十六度午後則升至八十八度其氣溫變化之不測如此雨澤極稀春夏間時有颶風挾飛沙扶搖而上直衝霄漢行旅每以爲苦蒙人卜居均擇嶺根低窪之處以避風暴

物產

鄂爾多斯中部砂山起伏蓬蒿滿目畧無農產之可言惟其東北隅瀕黃一帶包頭附近土地平沃延袤約百餘里最宜種植已於貽穀時放墾其粒實碩大

較綏遠寗夏所產爲優其餘東勝一帶及長城附近所墾亦不少所産多糜穀秞麥亦有高粱小麥馬鈴薯之屬

畜產以羊爲大宗駝馬牛次之蒙人不知種植之法只以牲畜多寡爲貧富之準的故蒙人相見首以牲畜之安否爲問是直以牲畜爲生命較之漢人視田產爲過也食其肉飲其乳其皮毛則以易內地之茶酒米麪布疋羊皮之細輭不及寗夏而産額頗富黄羊尤多千百成羣到處皆是蓋野羊也

伊盟界內砂山多林木絕少除各旗喇嘛招附近小樹數株外餘皆一望濯濯惟其西偏黄河沿岸紅柳叢生枝條茂盛蒙人取以編製羊圈及住室之用其住室用柳枝編織狀若鳥籠覆以毛毡名曰蒙古包亦有住屋者名曰板申取材則於他處或謂蒙人以畜牧爲業牛羊散牧陵谷間有樹則嫌其碍自必悉除之以便瞭望牲畜可知該地非不宜於森林特相沿成習不肯培植耳

鄂托沙地多產甘草草商設莊收售鮮甘草每斤售錢三十文由經收者分別草稍草節等截捆晾乾運至包頭托城則每斤約銀一錢計前套及寧夏附近每歲出約五船每船約二萬斤內地北部各藥行皆仰給焉其他尚產大黃黃芪山荳根諸藥材銷路之廣不及甘草

前套鹹湖甚多廣產鹽城杭錦有白鹽池鄂他有紅鹽池歲出無數又各有城湖鄂托城塊有天然生成每塊重至百斤者諸沙山中產炭鄂托有石山以產銀著石咀子山中有鐵鑛洪楊時有人開採因運銷困難歇業後遂無人過問大抵蒙古境內鑛產甚富而蒙人迷信風水以爲採掘則破地脈棄貨於地甚可惜也

商務

前套地廣人稀無大聚落絕無商務之可言而蒙人所需亦不過茶米布帛食

具諸品以皮毛交易其地點皆在托城包頭橫城堡石嘴子磴口一帶磴口有萬麻子者原籍江蘇人同治八年以從軍至磴口與蒙人交易頗獲厚利迄於今日已爲磴口著名之富紳矣

蒙人以磚茶代貨幣除以皮毛直接易米布外餘悉以磚茶定其値茶有三九二四之別三九茶者以三十九塊爲一箱每塊約銀五錢二四茶者以二十四塊爲一箱每塊約銀八錢如杭旗所產之紅柳予以磚茶十餘塊即可樵採一船約二萬餘斤運至包頭則獲利十倍云

鄂托之新招歲有廟會招附近土垣壁立上無苫蓋即會期各商人列肆之所所聚之貨不過衣食日用之品與內地村間尋常廟會等而蒙人則謂爲商務繁盛時期其陋僿如此

交通

前套除河路已詳甯夏後套二區外陸行則利用駱駝蓋以砂山瀰漫草多蓬蒿其味鹹辛騾馬不能食惟駱駝喜食之且淡水絕少蒙人於途次掘井以資飲料兩井相距動至四五十里或百里騾馬無水易生疾病而駱駝可十餘日不飲水此亦造物特產以行沙漠地者西人名之爲旱舟有以也冬春之季河凍舟停貨物皆以駝運往來於鄂爾多斯草地者絡繹不絕以其取徑較捷少費時日也故鄂爾多斯草地亦西北交通之要道

自石嘴子穿前套至包頭有三路一自石嘴子渡河直趨東北經棋盤井三眼八眼井後臣召大鹽海子四眼井恩古拜昭君坟爲北路此途稍平貨載可行惟人烟稀少水井缺乏行旅畏之一自石嘴子渡河東行三百餘里再轉東北經新召召蘇烏蘭吉力木哈他土杭錦營盤博爾阿斯台包古圖五魁兔路神樹灣爲中路站小較北路多費二日程而人烟較稠站站有水行人便之多由

於此其南路則取道更遠水站亦不及中路之便利行者較少

五堆子河東有一大路爲通安定神木榆林之通衢套內鹽堿皮毛甘草等貨運銷山陝一帶者率多由此每年駝運往來不可勝計

後記

我是從數學史學習中逐步瞭解治黄史的。漢代《許商算術》的作者許商，好天文術數之事的王景、李尋善，他們既是數學家，又以治理黄河而聞名。我國現存最早的河工著作《河防通議》，將中國古典數學天元術運用到治黄工程中，創造了中國古代工程數學的一個高峰。除了數學史之外，内蒙古師範大學科學技術史研究還以少數民族科技史和地方科技史見長。李迪先生曾指出地方科技史研究的重要内容是人與自然環境變遷、科技遺迹與自然環境以及環境與生産的關係，此類研究具有明顯的現實意義和重要價值。想要通過大科學史研究，弄清變遷的原因和未來的發展趨勢，産出對于地方各方面的開發有更大、更直接價值的成果，這類研究大多離不開文獻。之後，李迪先生更是直接指出科技史研究不僅是對過去的科技工作和科技成果的回顧與總結，而且要着眼于現代，讓古人的發明創造爲今人服務，繼續在現代發揮其應有的作用。我將先生大科學史的治學理念視爲座右銘，在科研工作中更加注重讓科研成果服務于國家戰略與區域發展需求。

二〇一九年九月，習近平總書記在黄河流域生態保護和高質量發展座談會上指出，黄河流域在我國經濟社會發展和生態安全方面具有十分重要的地位。黄河流域生態保護和高質量發展是重大國家戰略。同年十月，黨的十九届四中全會提出『加强邊疆治理，推進興邊富民』，首次把邊疆治理寫入黨的文件。内蒙古師範大學組織科研力量，積極申報研究闡釋黨的十九屆四中全會精神的國家社科基金重大項目，其中『中國特色社會主義民族區域自治制度自信研究』項目獲批。我承擔其中的『鑄牢中華民族共同體意識下的民族自治地方文化自信研究』子課題，而黄河是首選文化要素。二〇二四年，該項目順利結項，我也對黄河文化所藴含的時代價值有了更深的體會。

有鑒于此，我帶領文化遺産智能應用服務中華民族共同體建設『英才興蒙』團隊，以黄河爲主題，開展了文獻、文物、傳統工藝等多模態資源庫建設和跨模態應用示範工作。這次與内蒙古人民出版社合作出版的《黄河國家治理文獻集成》，旨在梳理和總結文獻中所藴含的歷史經驗和文化信息，爲當代及未來的黄河治理和地方文旅産業發展提供參考與借鑒。

感謝内蒙古民族文化産業研究院、巴彦淖爾市圖書館等单位的傾力相助，感謝内蒙古自治區黨委宣傳部、内蒙古出版集團、内蒙古人民出版社對本項目的支持與幫助。

在此，也向致力于黄河治理和大河安瀾的歷代先賢與當代典範表達崇高的敬意：你們的不懈努力與無私奉獻，爲黄河的安寧與人民的福祉築起了堅實的防綫；你們的智慧與勇氣，將永遠銘刻在中華民族的歷史豐碑上，激勵後人不斷前行。

董杰

二〇二五年一月